CATALOGUE

DU CABINET CÉLÈBRE ET TRÈS RENOMMÉ

D'OBJETS D'HISTOIRE NATURELLE,

DÉLAISSÉ PAR FEU LE TRÈS NOBLE SIEUR

JOAN RAYE,

SEIGNEUR

DE BREUKELERWAERT;

à AMSTERDAM.

CATALOGUE.

CATALOGUE

DU CABINET CÉLÈBRE ET TRÈS RENOMMÉ

D'OBJETS D'HISTOIRE NATURELLE,

CONSISTANT EN

Papillons de nuit et de jour, Escarbots et autres Insectes,
de plus Oiseaux Conservés, Coquilles, Ecailles,
Corails, Pétrifications, Minéraux, etc. etc.

RASSEMBLÉ PENDANT DE LONQUES ANNÉES,

delaissé par feu le très Noble Sieur

JOAN RAYE,

SEIGNEUR

DE BREUKELERWAERT;

lequel sera vendu publiquement en détail aux plus offrans,

à AMSTERDAM

Le 3 du mois de Juillet 1827 et jours suivans

au Domicile du défunt:

HEERENGRACHT, *entre la rue dite Utrechtschestraat et Reguliers-
plein, N°. 29, par les Courtiers:*

H. WINKELMAN,	E. M. ENGELBERTS
J. DE VRIES,	ET
A. BRONDGEEST,	C. F. ROOS.

Chez lesquels ou peut se munir du Catalogue ainsi que

chez les FRÈRES VAN CLEEF,

Libraires à La Haye et à Amsterdam,

à raison de 50 Cents en faveur des pauvres.

l'Exposition du Cabinet ne pourra avoir lieu, sans être muni d'un
Billet d'entrée, signé par un des courtiers ci-dessus mentionnés.

CATALOGUE

DE L'IMMENSE COLLECTION DE TRÈS PRÉCIEUX

OBJETS D'HISTOIRE NATURELLE,

COMPOSÉE DE

Papillons de nuit et de jour, Escarbots et autres Insectes,
de plus Oiseaux Conserves, Coquilles, Fossiles,
Corails, Petrifications, Mineraux, etc. etc.

délaissé par feu le très Noble Sieur

JOAN RAYE,

SEIGNEUR

DE BREUKELERWAERT;

logué avec soude publiquement en détail aux plus offrans,

À AMSTERDAM

Le 3 du mois de Juillet 1827 et jours suivans

au Domicile du défunt;

Bannies..., rue de la Heeremarkt et Regulers-
plein, No. 19., par les Courtiers.

H. WINKELMAN,		E. M. ENGELBERTS,
J. de VRIES,		et
A. BRONDGEEST,		C. F. ROOS.

Ces logues on peut se munir du Catalogue selon que

chez les Frères van CLEEF,

Libraires à La Haye et à Amsterdam,

à raison de 80 Cents en Cuivre chez personne;

CONDITIONS DE LA VENTE.

La Vente commencera Mardi le 3 Juillet 1827, à dix heures précises du Matin et à commencer par le N°. 1. du Catalogue.

Tout se vend de bonne foi, sans qu'il puisse y avoir aucunement lieu à contestation ou à rabais, et l'on sera tenu de recevoir et de payer les objets achetés, soit qu'il en ait été pris inspection ou non.

Les acheteurs seront tenus de payer Sept et demi Cents de chaque florin, ensus de l'enchère.

La Vente se fera *au comptant*, à l'issue de chaque vacation, il doit être pris reception, et fait payement des lots achetés; à défaut, les vendeurs se reservent la faculté de reëxposer ces objets, sans qu'il soit besoin d'avertissement ultérieur, à la folle enchère, et de repeter le dommage sur les défaillans.

On prendra le plus grand soin possible des objets achetés, sans toutefois repondre de la perte ou du dégât.

AVERTISSEMENT.

Parmi les collections, que le goût des sciences et des arts a fait former par des personnes de condition privée, celles qui regardent l'Histoire Naturelle ne sont point les plus nombreuses. La difficulté de se procurer les objets, nécessaires pour completer les suites, de régions lointaines, l'emplacement qui exigent de semblables cabinets, les soins continuels qu'ils demandent pour leur arrangement et leur conservation, les rendent convenables à peu de particuliers, et il est donc bien rare d'en rencontrer chez eux, qui embrassent plu-

sieurs genres , qui sont d'une grande étendue , et
qui renferment nombre d'objets d'insigne rareté.

La collection , dont nous présentons le Catalogue ,
offre cependant ces différens avantages, et devient
ainsi un objet d'importance, digne d'une attention
particulière de la part du Public. Par conséquent
il n'y a pas lieu de s'étonner de la célébrité qu'elle
a acquise, ni de l'empressement de nos compatrio-
tes et des étrangers , pour la voir et l'admirer ,
par l'accès facile que son possesseur voulait bien
leur accorder.

On y trouve d'abord quelques quadrupèdes , peu
nombreux , il est vrai , mais parmi lesquels néan-
moins des articles très curieux.

Ils sont suivis d'une superbe collection Ornitho-
logique, d'objets tant indigènes qu'exotiques , dont
plusieurs d'une rareté éminente , classée d'après le
système de Cuvier.

Le cabinet d'insectes , de papillons , d'escarbots ,
etc. vient en suite , et se recommande tant par sa
richesse que par la rareté de nombre d'entre eux.
On a suivi , dans son arrangement , *l'Histoïre Na-*

turelle des Insectes par OLIVIER, STOLL, *représen-
tation des spectres*, etc. STOLL *des Cigales*, CRA-
MER, *Papillons exotiques*, et HUBNER, *Papillons
d'Europe.*

La classe des limaçons suit celle des étoiles marines et des échenites, disposées selon LINNÉE, édition de Honttuin, et est suivie, à son tour, par
une vaste collection conchologique, renfermant des
objets les plus distingués, et classée d'après le mê-
me auteur, de l'edition du Professeur GMELIN :
tandis qu'à l'égard des Cetacées l'ouvrage de MARTINI
a été pris pour guide, que les plantes marines,
peu nombreuses, à la vérité, mais en offrant néan-
moins d'intéressantes, sont disposées d'après LINNÉE,
édition de Honttuin, et qu'enfin le vaste cabinet
de Minéraux l'est conformément à la 2de édition
du *Manuel minéralogique* de LENZ.

Il serait difficile d'indiquer, dans une collection
aussi étendue, les articles les plus précieux en
chaque genre, et une citation incomplète ne pour-
rait que nuire à ceux qui seraient omis, du moins
aux yeux de personnes peu instruites, en cette

matière; tandis que celles qui n'y sont point étran-
gères n'ont pas besoin qu'on les leur fasse connaî-
tre. — Nous nous reposons donc, avec confiance,
sur leur discernement, et nous nous flattons que ces
observations générales suffiront pour donner un ap-
perçu des différentes parties qui constituent ce cabinet, pour indiquer les systèmes suivis dans
leur classement, et pour faire apprécier le mérite
d'une collection, renommée à juste titre, qui fe-
sait un des ornemens scientifiques de la capitale
du Royaume, et le fruit des moyens et des soins
assidus d'un amateur distingué et érudit.

I. MAMMALIA.	I. MAMMIFÈRES.

QUADRUMANA.	QUADRUMANES.

N°. 1 Simia leucisca.	le Gibbon cendré.
2 Simia sabaea.	le Callitriche.
3 Simia mona.	le Mone.
4 Simia diana.	le Rolowai.
5 Simia maimon.	le Madrill.
6 Simia seniculus.	l'Alouatte.
7 Simia paniscus.	le Coaïta.
8 Simia capucina.	le Saï.
9 Simia sciurea.	le Saimiri.
10 Simia sciurea.	le Saimiri.
11 Simia pithecia.	le Yarké.
12 Simia jacchus.	l'Ouistiti ordinaire.
13 Simia midas.	le Tamarin.
14 Simia midas.	le Tamarin.
15 Simia midas.	le Tamarin.
16 Simia rosalia.	le Marikina.
17 Simia argentata.	le Mico.
18 Simia cephus.	le Moustac.
19 Lemur catta.	le Mococo.
20 Lemur macaco.	le Vari.
21 Lemur tardigradus.	le Loris paresseux.
22 Lemur tardigradus.	le Loris paresseux.

CARNIVORA. — CARNIVORES.

Nº. 23	Vespertilio spectrum.	le Vampire.
24	Lemur volans.	le Chat volant.
25	Erinaceus Europaeus.	le Hérisson ordinaire.
26	Erinaceus Europaeus. *var. alba.*	le Hérisson ordinaire. *var. blanche.*
27	Talpa Europaea alba.	la Taupe commune blanche.
28	Viverra nasua.	le Coati roux.
29	Viverra caudivolvula.	le Kinkajou.
30	Ursus meles.	le Blaireau d'Europe.
31	Viverra vittata.	le Grison.
32	Mustela Siberica.	le Putois de Siberie.
33	Mustela foina.	la Fouine.
34	Canis lagopus albus.	le Renard bleu ou Isatis.
35	Canis ferus.	le Chien sauvage de Martinique.
36	Viverra zibetha.	le Zibeth.
37	Viverra genetta.	la Genette commune.
38	Viverra Ichneumon.	la Mangouste d'Egypte.
39	Felis paradalis.	l'Ocelot.
40	Didelphis marsupialis.	le Crabier, ou grand Sarigue de Cayenne.

RODENTIA. — RONGEURS.

41	Myoxus glis.	le Loir.
42	Arctomys marmotta. *var.*	la Marmotte, *var.*
43	Sciurus vulgaris.	l'Ecureuil commun.
44	Sciurus vulgaris *variet. alba.*	l'Écureuil comm., *var. blanche.*
45	Sciurus cinereus.	l'Ecureil gris de la Caroline.
46	Sciurus vulpinus.	le Guerlinguet.
47	Sciurus macrourus.	le grand Ecureuil des Indes.
48	Sciurus getulus.	le Barbaresque.
49	Sciurus getulus.	le Barbaresque.

Nº. 5o Sciurus getulus.   le Barbaresque.
51 Sciurus palmarum.   le Palmiste.
52 Sciurus palmarum.   le Palmiste.
53 Sciurus striatus.   le Suisse.
54 Sciurus Hudsonius.   l'Ecureuil de la Baie d'Hudson.
55 Sciurus volans.   la Polatouche.
56 Sciurus sâgitta.   la petite Polatouche.
57 Sciurus petaurista.   le Taguan.
58 Sciurus petaurista.   le Taguan.
59 Sciurus petaurista.   le Taguan.
6o Echimys chrysuros.   l'Echimys à queue dorée.
61 Lepus Cuniculus domesticus albus.   le Lapin domestique blanc.
62 Cavia Acuti.   l'Agouti ordinaire.

EDENTULA. — EDENTÉS.

63 Bradypus tridactylus.   l'Aï.
64 Bradypus didactylus.   l'Unau.
65 Dasypus novemcinctus.   Le Tatou à neuf bandes.
66 Dasypus novemcinctus.   le Tatou à neuf bandes.
67 Myrmecophaga didactyla.   Le Fourmilier à deux doigts.

PACHYDERMATA. — PACHYDERMES.

68 Sus scropha.   Le Sanglier.

RUMINANTIA. — RUMINANS.

69 Moschus moschiferus.   le Chevrotain porte Musc.
70 Moschus pygmaeus.   le Chevrotain pygmée.
71 Moschus meminna.   le Chevrotain meminna.
72 Moschus meminna.   le Chevrotain meminna.
73 Moschus delicatulus.   le Chevrotain delicat.

AVES.	OISEAUX.

ACCIPITRES. — OISEAUX DE PROIE.

DIURNAE. — DIURNES.

Genus Vultur. — Genre Vautour.

N°.		
1	Vultur fulvus; ex *Promontorio Bonae Spei*.	le Vautour fauve; *du Cap de Bonne Espérance*.
2	Vultur Papa, *aet. prior*.	Le Roi des Vautours; *premier âge*.
3	Vultur Papa, *aet. sec.*	le Roi des Vautours; *second âge*.
4	Vultur Papa, *aet. adulta*.	le Roi des Vautours; *âge adulte*.

Genus Falco. — Genre Faucon.

5	Falco communis, *mas. aet. sen.*	le Faucon ordinaire; *mâle, vieux*.
6	Falco Subbuteo.	le Hobereau.
7	Falco Chiquera.	le Chiquera.
8	Falco Islandicus.	le Gerfault.
9	Falco Albicilla.	le Pygargue.
10	Falco Vulturinus.	le Caffre.
11	Falco Haliaetus.	le Balbusard.
12	Falco Cristatus.	la grande Harpie.
13	Falco Cayennensis.	le Petit autour de Cayenne.
14	Falco Nisus.	l'Epervier commun.
15	Falco Magnirostris.	l'Epervier à gros bec.
16	Falco Melanopterus.	le Blac.
17	Falco Milvus.	le Milan commun.

Nº. 18 Falco jackall.   le Rou-noir.
19 Falco rufus.   la Harpaye.
20 Falco aeruginosus.   le Busard.
21 Falco aeoli.   l'Aeoli.
22 Falco melanoleucos.   le Tchoug.
23 Falco serpentarius.   le Messager ou Secretaire.
24 Falco —————?   Faucon à culotte rouge.

NOCTURNAE.   NOCTURNES.

Genus Strix.   Genre Hibou.

25 Strix otus.   le Hibou commun, ou grand Duc.
26 Strix otus.   le Hibou commun, ou grand Duc.
27 Strix nyctea.   le Harfang.
28 Strix huhula.   la Chevêche noire ou Huhul.
29 Strix scops.   le Hibou Scops ou petit Duc.
30 Strix personata, *var.*   la Chouette à masque noir, *var.*
31 Strix passerina.   la Chevêche commune ou perlée.
32 Strix azio.   le Hibou Asio.
33 Strix funerea.   la Chouette funèbre.
34 Strix funerea *aet. jun.*   la Chouette funèbre, *jeune âge.*

PASSERINA.   PASSEREAUX.

DENTIROSTRES.   DENTIROSTRES.

Genus Lanius.   Genre Piegrièche.

35 Lanius excubitor.   la Piegrièche commune.
36 Lanius excubitor.   la Piegrièche commune.
37 Lanius excubitor.   la Piegrièche commune.

N°. 38	Lanius excubitor.	la Piegrièche de France.
39	Lanius rufus.	la Piegrièche rousse.
40	Lanius collurio, *mas.*	l'Ecorcheur, *mâle.*
41	Lanius collurio, *foem.*	l'Ecorcheur, *femelle.*
42	Lanius Collaris.	la Piegrièche du Cap de bonne Espérance.
43	Lanius Aethiopicus, *mas.*	la Piegrièche Boubou,*mâle.*
44	Lanius Aethiopicus,*foem.*	la Piegrièche Boubou, *femelle.*
45	Lanius Aethiopicus, *var. mas.*	la Piegrièche Boubou,*mâle. var.*
46	Lanius Aethiopicus,*foem. var.*	la Piegrièche Boubou , *femelle ; var.*
47	Lanius Capensis.	le Brubru.
48	Lanius olivaceus.	la Piegrièche Blanchot.
49	Lanius Madagascariensis.	la Piegrièche de Madagascar.
50	Lanius bicolor , *mas.*	la Piegrièche bleue d'Afrique , *mâle.*
51	Lanius bicolor, *foem.*	la Piegrièche bleue d'Afrique , *femelle.*
52	Lanius superciliaris.	la Piegrièche Sourcilroux.
53	Lanius olivaceus *mas.*	la Piegrièche oliva, *mâle.*
54	Lanius olivaceus *foem.*	la Piegrièche oliva,*femelle.*
55	Lanius doliatus *foem.*	la Piegrièche rayée de Cayenne. *femelle.*
56	Lanius plumatus, *mas.*	la Geoffroy , *mâle.*
57	Lanius Cayanus.	la Piegrièche grise de Cayenne.
58	Lanius Cayanus.	la Piegrièche tachetée.
59	Lanius leverianus.	la pie Piegrièche.
60	Lanius Senegalensis.	la Piegrièche du Sénégal.
61	Lanius mystaceus.	la Piegrièche rouge à plastron blanc.

No. 62 Lanius superne rufus, ventre striato et capite nigro.

Piegrièche rousse à ventre rayé transversalement de noir et de blanc, et à tête noire.

Genus Tanagra.   Genre Tangara.

63	Tanagra violacea.	Tangara du Brésil.
64	Tanagra violacea.	Tangara du Brésil.
65	Tanagra violacea.	Tangara du Brésil.
66	Tanagra Cayennensis.	Tangara nègre.
67	Tanagra Mexicana.	Tangara bleu.
68	Tanagra gyrola.	Tangara de Pérou.
69	Tanagra episcopus.	Tangara Evêque.
70	Tanagra episcopus.	Tangara Evêque.
71	Tanagra archiepiscopus.	Tangara Archevêque.
72	Tanagra cristata.	Tangara Huppe.
73	Tanagra Guyanensis.	Tangara huppé de la Guyane.
74	Tanagra Mississipensis.	Tangara de la Guyane.
75	Tanagra Mississipensis.	Tangara de la Guyane.
76	Tanagra atricapilla.	Tangara jaune á tête noire.
77	Tanagra ————?	Tangara ————?
78	Tanagra punctata.	Tangara Syacou.
79	Tanagra punctata.	Tangara Syacou.
80	Tanagra ————?	Tangara de grand bois.
81	Tanagra ————?	Tangara à epaulette.
82	Tanagra ————?	Tangara à cravate noire.
83	Tanagra ————?	Tangara à coèffe noire.
84	Tanagra ————?	Tangara à coèffe noire.
85	Tanagra ————?	Tangara bleu du Brésil.
86	Tanagra ————?	Tangara bleu du Brésil.
87	Tanagra ————?	Tangara ————?
88	Tanagra ————?	Tangara ————?

N°. 89 Tanagra obscura purpu- le Tangara pourpre, à bec
    rea, *mas.*   d'argent; du Mexique,
        mâle.

90 Tanagra obscura purpu- le Tangara pourpre, à bec
    rea, *foem.*   d'argent, du Mexique,
        femelle.

91 Tanagra coccinea alis cau- le Tangara du Mexique.
    daque nigris.

92 Tanagra coccinea alis cau- le Tangara du Mexique.
    daque nigris.

93 Tanagra Cayenensis *mas.* le Tangara à tête marone,
        mâle.

94 Tanagra Cayenensis *foem.* le Tangara à tête marone,
        femelle.

95 Tanagra Peruviensis leu- le Tangara à tête et nu-
    cocephalos, capite et col- que maron dorés, du Pé-
    lo rufo aureis.   rou.

96 Tanagra coeruleo-viola- le Tangara à dos doré,
    cea, *mas.*   *mâle.*

97 Tanagra coerul-eoviola- le Tangara à dos doré,
    cea *foem.*   *femelle.*

98 Tanagra varia, cyano- le Tangara varié à tête
    cephala.   bleue, de Cayenne.

99 Tanagra splendide nigra. le Tangara à dos rouge, du
        Brésil.

100 Tanagra Cayennensis. le Griverd de Cayenne.

Genus Muscicapa.   **Genre Gobe-mouche.**

101 Muscicapa audax.   le tyran à queue rousse.

102 Muscicapa forficata.   le tyran à queue fourchue;
        du Mexique.

103 Muscicapa paradisea.   la Moucherolle de paradis.

104 Muscicapa cristata.   le Gobe-mouche huppé du
        Senegal.

Nᵒ. 105 Muscicapa bicolor, *mas.* le Gobe-mouche pic, *mâle.*

106 Miscicapa bicolor, *foem.* le Gobe-mouche pie, *fem.*

107 Muscicapa atricapilla, *mas.* le Gobe-mouche de Lorraine, *mâle.*

108 Muscicapa atricapilla, *faem.* le Gobe-mouche de Lorraine, *femelle.*

109 Muscicapa flammea. le Gobe-mouche orange et noir.

110 Muscicapa cristata. le Gobe-mouche huppé à ventre gris.

111 Muscicapa Malabarica. le Gobe-mouche du Malabar.

112 Muscicapa rhodogastra. le Gobe-mouche à poitrine rose.

113 Muscicapa Brasiliensis. le Gobe-mouche du Bresil.

114 Muscicapa paradisii. le Gobe-mouche blanc huppé.

115 Muscicapa torquata. le Gobe-mouche à collier; du Cap de Bonne Esperance.

116 Muscicapa coerulea. le Gobe-mouche bleu.

117 Muscicapa cristata nigra. le Gobe-mouche noir huppé de Madagascar.

118 Muscicapa cristata nigra. le Gobe mouche noir huppé de Madagascar.

119 Muscicapa australis barbata coloris nitentis. la Moucherolle à moustaches et calotte bleue d'azur.

Genus Gymnocephalus. Genre Tyran-chauve.

120 Gymnocephalus (corvus) calvus. le Choucas chauve.

Genus Tyrannus. Genre Tyran.

121 Muscicapa tyrannus. le tyran à ventre blanc.

N°. 122	Muscicapa tyrannus.	le tyran à ventre blanc.
123	Muscicapa tyrannus.	le tyran à ventre blanc.
124	Muscicapa tyrannus.	le Tyran à queue fourchue, de Cayenne.
125	Tyrannus (corvus) fla-viventris, *mas.*	le Tyran à ventre jaune, *mâle.*
126	Tyrannus (corvus) fla-viventris, *foem.*	le Tyran à ventre jaune, *femelle.*
127	Tyrannus (corvus) fla-viventris, *var.*	le Tyran à ventre jaune, *var.*
128	Tyrannus (corvus) fla-viventris, *var.*	le Tyran à ventre jaune, *var.*

Genus Ampelis.   Genre Cotinga.

129	Ampelis (muscicapa) ru-bricollis, *mas.*	le Gobe-mouche à gorge pourpre *mâle.*
130	Ampelis (muscicapa) ru-bricollis, *mas.*	le Gobe-mouche à gorge pourpre *mâle.*
131	Ampelis (muscicapa) ru-bricollis, *foem.*	le Gobe-mouche à gorge pourpre *femelle.*
132	Ampelis (muscicapa) ru-bricollis.	le Gobe-mouche à gorge pourpre.
133	Ampelis carnifex, *mas.*	l'Ouette, *mâle.*
134	Ampelis carnifex, *foem.*	l'Ouette, *femelle.*
135	Ampelis pompadoura, *mas.*	le Pompadour *mâle.*
136	Ampelis pompadoura, *mas.*	le Pompadour *mâle.*
137	Ampelis pompadoura, *foem.*	le Pompadour, *femelle.*
138	Ampelis pompadoura, *var.*	le Pompadour, *var.*
139	Ampelis pompadoura, *var.*	le Pompadour, *var.*

Nº. 140 Ampelis pompadoura. le Pompadour, *mâle, var.*
 mas. var.

141 Ampelis pompadoura. le Pompadour, *femelle.*
 foem.

142 Ampelis pompadoura. le Pompadour, *femelle.*
 foem.

143 Ampelis cotinga. le Cordon bleu.

144 Ampelis Cayana, *foem.* le Quereiva de Cayenne,
 femelle.

145 Ampelis Cayana, *mas.* le Quereiva de Cayenne,
 mâle.

146 Ampelis garrulus. le Jaseur d'Europe.

147 Ampelis garrulus. le Jaseur d'Europe.

148 Ampelis garrulus. le Jaseur d'Amerique.

149 Ampelis Brasiliensis, le Cotinga du Bresil.

150 Ampelis flava. le Cotinga jaune doré.

151 Ampelis alba, collo nudo le Cotinga blanc à gorge
 coloris viridis, *mas.* nue, de couleur verdâtre,
 du Bresil, *mâle.*

152 Ampelis viridi-flava, le Cotinga verd jaunâtre
 subtus variegata, *foem.* agréablement bigarré en
 dessous, du Bresil, *fe-
 melle.*

153 Ampelis cinerea, *mas.* le Cotinga gris, du Cap de
 Bonne Esperance, *mâle.*

154 Ampelis cinerea, *foem.* le Cotinga gris, du Cap de
 Bonne Esperance, *fe-
 melle.*

155 Ampelis nigra purpu- le Cotinga noir pourpre,
 rascens. du Cap de Bonne Espe-
 rance.

156 Ampelis striata. le Cotinga rayé à ailes me-
 lées de jaune; du Cap
 de Bonne Esperance.

Nº. 157 Ampelis rubra.   le Piauhau rouge.

158 Ampelis rubricollis.   le Piauhau à gorge rouge.

159 Ampelis rubricollis.   le Piauhau à gorge rouge.

160 Ampelis superne coe- le Cotinga bleu à ventre
rulea, inferne alba.   blanc, du Perou.

161 Ampelis minima coeru- le très petit Cotinga bleu
lea, pectore rubro ma-   à tâche rouge sur la
culato.   poitrine.

162 Ampelis ——————?   le Cotinga ——————?

163 Ampelis ——————?   le Cotinga ——————?

Genus Gymnodera.   **Genre Gymnodère.**

164 Gymnodera (Gracula) le Col nud.
nudicollis.

Genus Edolius.   **Genre Drongo.**

165 Edolius macrocercus.   le Drongolon.

166 Edolius musicus.   le Drongo drongeart.

167 Edolius platurus.   le Drongo à raquet.

168 Edolius (Lanius) su- le Bec de fer.
perbus.

Genus Turdus.   **Genre Merle.**

169 Turdus saxatilis.   le Merle de roche.

170 Turdus saxatilis.   le Merle de roche.

171 Turdus saxatilis, *aet.* le Merle de roche, *jeune
jun.*   âge.*

172 Turdus viscivorus.   le Drenne.

173 Turdus viscivorus.   le Drenne.

174 Turdus viscivorus.   le Drenne.

175 Turdus viscivorus.   le Drenne.

176 Turdus viscivorus.   le Drenne.

Nº. 177 Turdus viscivorus, *var.*   le Drenne , *var.*

178 Turdus musicus, *var.*   la Grive proprement dite , *var.*

179 Turdus musicus , *var.*   la Grive proprement dite , *var.*

180 Turdus rufus.   le merle roux.

181 Turdus polyglottus.   le mocqueur.

182 Turdus dominicus.   le mocqueur de St. Domingue.

183 Turdus dominicus.   le mocqueur de St. Domingue.

184 Turdus Madagascariensis.   le merle cendré de Madagascar.

185 Turdus atricapillus.   le merle à tête noire , du Cap de Bonne Espérance.

186 Turdus Zeilonicus.   le merle à collier, du Cap.

187 Turdus Zeilonicus, *foem.*   le merle à collier, du Cap, *femelle.*

188 Turdus roseus   le merle couleur de rose.

189 Turdus roseus.   le merle couleur de rose.

190 Turdus roseus.   le merle couleur de rose.

191 Turdus roseus.   le merle couleur de rose.

192 Turdus melanicterus.   le merle jaune huppé.

193 Turdus rufus.   la grive de la Caroline.

194 Turdus albicollis.   la grive à collier blanc.

195 Turdus volitans.   le merle noir et blanc, de la nouvelle Galles.

196 Turdus volitans.   le merle noir et blanc, de la nouvelle Galles.

197 Turdus mauritianus.   le merle verd, de l'Isle de France.

198 Turdus mauritianus.   le merle verd, de l'Isle de France.

Nº. 199 Turdus minutus.   le petit merle à gorge blanche.

200 Turdus olivaceus, *aet. jun.*   la grive griveron, *jeune age*.

201 Turdus merula, *foem.*   le merle commun, *femelle*.

202 Turdus migratorius.   la Grive du Canada.

203 Turdus leucocephalus, *foem.*   le merle dominicain, de la Chine, *femelle*.

204 Turdus phoenicurus.   le merle Jean Frederic.

205 Turdus bicolor.   le merle Spreo.

206 Turdus Asiaticus.   le merle noir et jaune.

207 Turdus griseus.   le merle gris du Gingi.

208 Turdus griseus, variet. vertice et collo griseis.   le merle gris du Gingi. variété.

209 Turdus griseus, variet. capite albicante.   le merle gris du Gingi à tête blanche.

210 Turdus cantans.   l'Arada.

211 Turdus cantans, *var.*   l'Arada, *var.*

212 Turdus nitens.   le merle Couigniop.

213 Turdus nitens.   le merle Couigniop.

214 Turdus nitens.   le merle Couigniop.

215 Turdus nitens.   le merle Couigniop.

216 Turdus nitens.   le merle Couigniop.

217 Turdus morio.   le merle du Cap de Bonne Espérance.

218 Turdus morio.   le merle du Cap de Bonne Espérance.

219 Turdus aeneus.   le merle à longue queue.

220 Turdus iliacus.   le Mauvis.

221 Turdus colma.   le Tetema.

222 Turdus olivaceus.   le merle à queue rousse.

223 Turdus ———— ?   le merle ————————— ?

Genus Pitta.   Genre Brêve.

224 Pitta cyanura *mas.*   la brêve azurine, *mâle*.

Nᵒ. 225 Pitta cyanura *foem.*   la brève azurine, *femelle.*
226 Pitta Ceylanensis.   la brève de Ceylan.
227 Pitta Ceylanensis, *var.*   la brève de Ceylan, *var.*
228 Pitta Ceylanensis, *var.*   la brève de Ceylan, *var.*
229 Pitta Ceylanensis, *var.*   la brève de Ceylan, *var.*
230 Pitta Ceylanensis, *var.*   la brève de Ceylan, *var.*

Genus *Oriolus.*   Genre *Loriot.*

231 Oriolus galbula, mas et faem. cum pullo et ovo nido contentis.   le Loriot d'Europe, mâle et femelle, avec un petit et un œuf contenus dans le nid.
232 Oriolus melanocephalus.   le Loriot à tête noire, de la Chine.
233 Oriolus melanocephalus.   le Loriot à tête noire, de la Chine.
234 Oriolus melanocephalus, *var.*   le Loriot à tête noire, de la Chine, *var.*
235 Oriolus melanocephalus, *var.*   le Loriot à tête noire, de la Chine, *var.*
236 Oriolus Chinensis, *mas.*   le Loriot coulavan, *mâle.*
237 Oriolus Chinensis, *faem.*   le Loriot coulavan, *femelle.*
238 Oriolus auratus.   le Loriot loriodor.

Genus Myothera.   Genre Fourmilier.

239 Turdus rex.   le roi des fourmilliers.

Genus Cinclus.   Genre Cincle.

240 Sturnus cinclus.   le merle d'eau.
241 Sturnus cinclus.   le merle d'eau.

Genus Philedon.   Genre Philédon.

142 Philedon chrysopterus.   le Philedon aux ailes orangées.

N°. 243	Philedon (merops) circinatus.	le Philedon à cravatte frisée.
244	Philedon cuculatus.	le Philedon à capuchon.
245	Merops corniculatus.	le Corbi calao.
246	Philedon olivaceus ?	le Philedon olivâtre ?

Genus Gracula. Genre Martin.

247	Gracula carunculata.	le porte Lambeau.
248	Gracula quiscula.	le Calibe.
249	Gracula ——— ?	le Martin ——— ?

Genus Maenura. Genre Lyre.

250	Maenura superba.	le Lyre.

Genus Pipra. Genre Manakin.

251	Pipra rupicola, *mas.*	le Coq de roche, *mâle.*
252	Pipra rupicola, *mas.*	le Coq de roche, *mâle.*
253	Pipra rupicola, *mas.*	le Coq de roche, *mâle.*
254	Pipra rupicola, *foem.*	le Coq de roche, *fem.*
255	Pipra pareola.	le Manakin noir huppé de Cayenne.
256	Pipra pareola.	le Manakin noir huppé de Cayenne.
257	Pipra pareola.	le Manakin noir huppé de Cayenne.
258	Pipra pareola.	le Manakin noir huppé de Cayenne.
259	Pipra pareola.	le Manakin verd huppé.
260	Pipra erythrocephala.	le Manakin à tête d'or.
261	Pipra erythrocephala.	le Manakin à tête d'or.
262	Pipra aureola.	le Manakin rouge.
263	Pipra aureola.	le Manakin rouge.
264	Pipra aureola.	le Manakin rouge.

N°. 265 Pipra aureola, *foem.*   le Manakin rouge, *fem.*
266 Pipra musica.   l' Organiste.
267 Pipra albifrons.   le Manakin à gorge blanche.
268 Pipra albifrons.   le Manakin à gorge blanche.
269 Pipra manacus.   le Cassenoisette.
270 Pipra manacus.   le Cassenoisette.
271 Pipra viridi - olivacea rubro cristata, 2 *exemp.*   le Manakin houpette le dessus du corps cuivré-verdâtre, huppe rouge, 2 *exempl.*
272 Pipra nigra capite rubro, *mas.*   Manakin noir à tete rouge, *mâle.*

Genus Motacilla.   Genre Bec-fin.

273 Motacilla caprata, *mas.*   le Traquet de l'Isle de Lucon, *mâle.*
274 Motacilla boarula.   la Bergeronette jaune.
275 Motacilla flava.   la Bergeronette de printems.
276 Motacilla flava.   la Bergeronette de printems.
277 Motacilla capensis.   la Hochequeue du Cap de bonne Esperance.
278 Motacilla variegata?   la Hochequeue variée?

Genus Sylvia.   Genre Rubiette.

279 Sylvia rubecula.   la Gorge rouge.
280 Sylvia Guyanensis.   la rouge queue de la Guyane.
281 Sylvia suecica, *mas.*   la Gorge bleue, *mâle.*
282 Sylvia suecica, *foem.*   la Gorge bleue, *fem.*
283 Sylvia suecica, *mas.*   la Gorge bleue, *mâle.*
284 Sylvia suecica, *mas.*   la Gorge bleue, *mâle.*
285 Sylvia phoenicurus.   la Gorge noire.
286 Sylvia phoenicurus.   la Gorge noire.
287 Sylvia phoenicurus.   la Gorge noire.
288 Sylvia erithacus.   le Rouge queue.

Nᵒ. 289 Sylvia erithacus. — le Rouge queue.
290 Sylvia luscinia. — le Rossignol.
291 Sylvia imitatrix, *mas*. — le Motteux imitateur, *mâle*.
292 Sylvia sialis. — le rouge Gorge bleu de la Caroline.

Genus Regulus. — Genre Figuier.

293 Sylvia pensilis. — le Cou jaune de St. Domingue.
294 Sylvia cristata. — le Figuier à ventre et tête jaunes.
295 Motacilla feu ficedula minor, capite et dorso rubris. — le petit Figuier noir, à tête et dos rouges, de l'Amérique.

FISSIROSTRES. — FISSIROSTRES.

Genus Hirundo. — Genre Hirondelle.

296 Hirundo albiventris. — l'Hirondelle à ventre blanc.
297 Hirundo albiventris. — l'Hirondelle à ventre blanc.
298 Hirundo chalybea. — l'Hirondelle de Cayenne.
299 Hirundo versicolor. — l'Hirondelle bleue de la Louisiane.
300 Hirundo riparia. — l'Hirondelle de rivage.
301 Hirundo riparia. — l'Hirondelle de rivage.

Genus Caprimulgus. — Genre Engoulevent.

302 Caprimulgus Europaeus. — l'Engoulevent volant.
303 Caprimulgus Europaeus. — l'Engoulevent volant.
304 Caprimulgus grandis. — l'Engoulevent de Cayenne.
305 Caprimulgus Guyanensis — l'Engoulevent de la Guyane.
306 Caprimulgus semi-torquatus. — le petit Engoulevent tacheté.

N°. 307 Caprimulgus Novae Hol-   l'Engoulevent à crête.
     landiae.
308 Caprimulgus longipen-   l'Engoulevent de Sierra
     nis.   Leona.

CONIROSTRES.   CONIROSTRES.

Genus Alauda.   Genre Alouette.

309 Alauda alpestris.   l'Alouette de Siberie.
310 Alauda apiata.   l'Alouette batteleuse.
311 Alauda Africana.   le Sirli.
312 Alauda variegata.   l'Alouette bigarrée.
313 Alauda Tartarica.   l'Alouette de la Tartarie.

Genus Parus.   Genes Mésange.

314 Parus coeruleus.   la Mésange bleue.
315 Parus coeruleus.   la Mésange bleue.
316 Parus coeruleus.   la Mésange bleue.
317 Parus cristatus.   la Mésange huppée.
318 Parus cristatus.   la Mésange huppée.
319 Parus caudatus.   la Mésange à longue queue.
320 Parus caudatus.   la Mésange à lonque queue.
321 Parus niger.   la Mesange noire d'Afrique.

Genus Emberiza.   Genge Bruant.

322 Emberiza citrinella, *mâle*   le Bruant commun , *mâle*.
323 Emberiza citrinella, *foem*   le Bruant commun , *fem*.
324 Emberiza hortulana.   le Bruant de roseaux.
325 Emberiza schaeniclus.   le Bruant à flanc roux.
326 Emberiza schaeniclus.   le Bruant à flanc roux.
327 Emberiza schaeniclus.   le Bruant à flanc roux.
328 Emberiza leucocephala,   le Bruant à tête blanche.

N°. 329	Emberiza fucata.	le Bruant fardé.
330	Emberiza Capensis.	l'Ortolan à ventre jaune.
331	Emberiza viridis.	le Bruant verd.
332	Emberiza oryzivora.	l'Ortolan de la Caroline.
333	Emberiza oryzivora.	l'Ortolan de la Caroline.
334	Emberiza oryzivora, *aet. jun.*	l'Ortolan de la Caroline *jeune âge.*
335	Emberiza quelea, *foem.*	le Moineau du Sénégal, *fem.*
336	Emberiza quelea, *foem.*	le Moineau du Senégal, *fem.*

Genus Fringilla. — Genre Moineau.

337	Fringilla coelebs, *variet.*	le Pinçon ordinaire, *variété.*
338	Fringilla coelebs, *variet*	le Pinçon ordinaire, *variété.*
339	Fringilla coelebs, *variet.*	le Pinçon ordinaire, *variété.*
340	Fringilla melanocephala	le Moineau à tête noire.
341	Fringilla linaria, 2 *exempl.*	le Siserin, 2 *exempl.*
342	Fringilla Capensis.	la passerine du Cap de bonne Espérance.
343	Fringilla Surinamensis.	le Bruant de la Suriname.
344	Fringilla (loxia) maia.	le Maya de la Chine à tête blanche.
345	Fringilla (loxia) maia.	le Maya de la Chine, à tête noire.
346	Fringilla granatina.	le Grenadin de la côte d'Afrique.
347	Fringilla Angolensis.	le Bengali.
348	Fringilla Madagascariensis.	le Foudi.
349	Fringilla Madagascariensis.	le Foudi.
350	Fringilla Madagascariensis.	le Foudi, *en mue.*
351	Fringilla splendens.	le Tarin bleu d'acier.

| N°. | 352 | Fringilla nitens. | le Tarin du Bresil. |

352 Fringilla nitens.   le Tarin du Bresil.
353 Fringilla linaria.   le Siserin.
354 Fringilla linaria.   le Siserin.
355 Fringilla linaria.   le Siserin.
356 Fringilla montana.   le Pinçon des Ardennes.
357 Fringilla montana.   le Pinçon des Ardennes.
358 Fringilla montana.   le Pinçon des Ardennes.
359 Fringilla domestica.   le Moineau.
360 Fringilla rubra albo punctata.   le Senegali.
361 Fringilla rubra albo punctata.   le Senegali.
362 Fringilla punctulata, *mas. et foem.*   le Bengali piqueté, *male et fem.*
363 Fringilla punctulata, *4 exempl.*   le Bengali piqueté, *4 exemp.*
364 Fringilla striata, *mas. et foem.*   le Senegali rayé, *mâle et fem.*

Genus Linaria.   Genre Linotte.

365 Fringilla cannabina.   la grande Linotte.
366 Fringilla spinus.   le Tarin d'Europe.
367 Fringilla spinus.   le Tarin d'Europe.
368 Fringilla coerulescens.   le Bengali gris bleu.
369 Fringilla coerulescens, *variet.*   le Bengali gris bleu, *var.*
370 Fringilla Asiatica.   le Tarin de la Chine.

Genus Vidua.   Genre Veuve.

371 Vidua (Emberiza) longicauda, *mas.*   la Veuve à épaulettes, *mâle.*
372 Vidua (Emberiza) longicauda, *aet. jun.*   la Veuve à épaulettes, *jeune âge.*

N°.	373 Vidua (Emberiza) lon-gicauda , *foem.*	la Veuve à épaulettes, *fem.*
	374 Vidua , (Emberiza) lon-gicauda.	la Veuve à épaulettes, *livrée d'hiver.*
	375 Vidua (Emberiza) pa-nayensis.	la Veuve à poitrine.
	376 Vidua (Emberiza) serena.	la petite Veuve.
	377 Vidua paradisea , *mas.*	la Veuve au collier d'or, *mâle*
	378 Vidua paradisea.	la Veuve au collier d'or , *après la mue.*
	379 Vidua chrysoptera.	la Veuve chrysoptere.
	380 Vidua nigra.	la Veuve noire.

Genus Coccothraustes.   **Genre Gros-Bec.**

	381 Loxia coccothraustes.	le Gros-bec commun.
	382 Loxia chloris.	le Verdier.
	383 Coccothraustes (loxia) prasina.	le Gros-bec prasin.
	384 Coccothraustes (loxia) cardinalis, *mas.*	le Gros-bec de Virginie, Cardinal huppé, *male.*
	385 Coccothraustes (loxia) cardinalis, *mas.*	le Gros-bec de Virginie, Cardinal huppé, *male.*
	386 Coccothraustes (loxia) cardinalis, *foem.*	le Gros-bec de Virginie, Cardinal huppé, *fem.*
	387 Coccothraustes (loxia) erythrocephala.	le Gros-bec d'Angola.
	388 Coccothraustes (loxia) erythrocephala.	le Gros-bec d'Angola.
	389 Coccothraustes (loxia) erythrocephala.	le Gros-bec d'Angola.
	390 Coccothraustes (loxia) Capensis.	le Gros-bec de Coromandel.
	391 Coccothraustes (loxia) Capensis.	le Gros-bec de Coromandel.

N°. 392 Coccothraustes (loxia) le Gros-bec de Coromandel.
     Capensis.
393 Coccothraustes (loxia) le Gros-bec tacheté.
     maculata.
394 Coccothraustes (loxia) le Gros-bec Domino.
     punctularia.
395 Coccothraustes (loxia) le Gros-bec Domino.
     punctularia.
396 Coccothraustes (loxia) le Gros-bec Padda.
     oryzivora.
387 Coccothraustes (loxia) le Gros-bec Padda.
     oryzivora.
398 Coccothraustes (loxia) le Gros-bec Padda.
     oryzivora.

Genus Pyrrhula.   Genre Bouvreuil.

399 Pyrrhula nigerrima.   le Bouvreuil à sourcils roux.
400 Pyrrhula auranticollis.   le Bouvreuil à gorge oran-
                         gée.
401 Loxia pyrrhula, *mas.*   le Bouvreuil ordinaire, *mâle.*
402 Loxia pyrrhula, *foem.*   le Bouvreuil ordinaire, *fem.*
403 Loxia pyrrhula, *var.*   le Bouvreuil ordinaire, *var.*
404 Pyrrhula fusca.   le Bouvreuil brun.

Genus Loxia.   Genre Bec-croisé.

405 Loxia ignicolor.   le Bec-croisé couleur de feu.
406 Loxia curvirostra, *mas.* le Bec-croisé, *mâle.*
407 Loxia curvirostra, *foem.* le Bec-croisé, *femelle.*

Genus Corythus.   Genre Dur-bec.

408 Corythus (loxia) enu- le Dur-bec rouge.
     cleator.
409 Corythus (loxia) psit- le Dur-bec verdâtre.
     tacea.

Genus Colius.	Genre Coliou.
N°. 410 Colius Capensis, *mas.*	Coliou du Cap de Bonne Espérance, *mâle.*
411 Colius Capensis, *foem.*	Coliou du Cap de Bonne Espérance, *femelle.*

Genus Buphaga.	Genre Pique-boeuf.
412 Buphaga Africana.	le pique-boeuf du Sénégal.

Genus Cassicus.	Genre Cassique.
413 Cassicus hemorrhous, *m.*	le Cassique Jupuba, *mâle.*
414 Cassicus hemorrhous, *f.*	le Cassique Jupuba, *fem.*
415 Cassicus icteronotus.	le Cassique Yapou.
416 Cassicus cristatus.	le Cassique huppé.
417 Cassicus viridis.	le Cassique verd.
418 Cassicus ater.	le Cassique à mantelet.
419 Cassicus ater.	le Cassique noir à bec blanc.
420 Cassicus albirostris.	

Genius Icterus.	Genre Troupiale.
421 Icterus persicus, *mas.*	le Troupiale à ailes rouges de la Louisiane, *mâle.*
422 Icterus persicus, *foem.*	le Troupiale à ailes rouges de la Louisiane, *fem.*
423 Icterus niger.	le Troupiale à front chatain.
424 Icterus flavus.	le Troupiale jaune.
425 Icterus flavus.	le Troupiale jaune.
426 Icterus olivaceus.	le Troupiale olive de Cayenne.
427 Icterus niger.	le Troupiale noir de St. Domingue.
428 Icterus Dominicensis.	le Troupiale de St. Domingue.
429 Icterus icterocephalus.	le Troupiale à tête jaune.

| Genus Xanthornus. | Genre Carouge. |

N°. 430 Xanthornus (oriolus) Guyanensis, *mas.* — le Carouge de la Guyane, *mâle.*

431 Xanthornus (oriolus) Guyanensis, *foem.* — le Carouge de Guyane, *fem.*

432 Xanthornus (oriolus) Cayanensis. — le Carouge de la Cayenne.

433 Xanthornus (oriolus) Cayanensis. — le Carouge de la Cayenne.

434 Xanthornus (oriolus) Cayanensis. — le Carouge de la Cayenne.

435 Xanthornus (oriolus) Mexicanus. — le Carouge de Mexique.

436 Xanthornus (oriolus) Mexicanus. — le Carouge de Mexique.

437 Xanthornus viridis. — le Carouge verd.

438 Xanthornus viridis, *var.* — le Carouge verd. *variet.*

439 Xanthornus longirostris. — le Carouge à long bec.

440 Xanthornus longiros-tris, *variet.* — le Carouge à long bec, *var.*

| Genus Sturnus. | Genre étourneau. |

441 Sturnus vulgaris. — l'Etourneau commun.

442 Sturnus vulgaris, *var.* — l'Etourneau commun, *var.*

443 Sturnus Ludovicianus. — l'Etourneau de la Louisiane.

444 Sturnus Ludovicianus. — l'Etourneau de la Louisiane.

| Genus Sitta. | Genre Sitelle. |

445 Sitta Europaea. — le Torchepot.

| Genus Corvus. | Genre Corbeau. |

446 Corvus dauricus. — la Corbeille du Sénégal.

Genus Pica.	Genre Pie.

N°. 447 Pica (Corvus) Cayana.   le Geai de Cayenne.
448 Corvus pica.   la Pie.
449 Pica rufigastra.   la Pie à culotte de peau.

Genus Garrulus.	Genre Geai.

450 Garrulus (Corvus) glandarius.   le Geai.

451 Garrulus (Corvus), viridis pectore striato, *mas.* *species nova.*   le Geai verd, à poitrine grivelée de jaune verdâtre et de noirâtre, *mâle* *Espèce nouvelle.*

452 Garrulus (Corvus) viridis pectore striato, *foem.* *species nova.*   le Geai verd, à poitrine grivelée de jaune verdâtre et de noirâtre, *femelle.* *Espèce nouvelle.*

453 Garrulus (Corvus) Madagascariensis.   le Geai de Madagascar.

454 Garrulus galericulatus.   le Geai longup.

455 Garrulus cristatus, *mas. aet. jun.*   le Geai bleu huppé, *mâle, jeune age.*

456 Garrulus cristatus, *mas. aet. adult.*   le Geai bleu huppé, *mâle age adulte.*

457 Garrulus cristatus, *mas.*   le Geai bleu huppé, *mâle.*

Genus Caryocatactes.	Genre Cassenoix.

458 Nucifraga caryocatactes.   le Casse-noix.
459 Nucifraga caryocatactes.   le Casse-noix.

Genus Coracias.	Genre Rollier.

460 Coracias garrula.   le Rollier commun.
461 Coracias garrula.   le Rollier commun.

Nº. 462 Coracias naevius *aet jun.* le Rollier cuit, *jeune âge.*
463 Coracias naiveus. le Rollier cuit.
464 Coracias Madagascari- le Rollier de Madagascar.
ensis.
465 Coracias Madagascari- le Rollier de Madagascar.
ensis.
466 Coracias caudatus, *mas.* le Rollier à longs brins
d'Afrique, *mâle.*
467 Coracias caudatus, *foem.* le Rollier à longs brins
d'Afrique, *fem.*
468 Coracias cyanogaster. le Rollier à ventre bleu.

Genus Eulabas.   Genre Mainate.

469 Gracula religiosa. le Mainate des Indes ori-
entales.
470 Gracula religiosa. le Mainate des Indes ori-
entales.

Genus Paradisea.   Genre Oiseau de pa-
radis.

471 Paradisea apoda. l'Oiseau de paradis emeraude.
472 Paradisea apoda. l'Oiseau de paradis emeraude.
473 Paradisea rubra. l'Oiseau de paradis rouge.
474 Paradisea regia, *mas.* le Manucode, *mâle.*
475 Paradisea regia, *mas.* le Manucode, *mâle.*
476 Paradisea magnifica. le Magnifique.
477 Paradisea sexcetacea. le Sifilet.
478 Paradisea sexcetacea. le Sifilet.
479 Paradisea aurea, *mas.* l'Orange, *mâle.*
480 Paradisea aurea, *foem.* l'Orange, *femelle.*
481 Paradisea superba. l. Superbe.

TENUIROSTRES.	TENUIROSTRES.

Genus Upupa.	**Genre Huppe.**
N°. 482 Upupa epops.	la Huppe.
483 Upupa minor.	la Huppe d'Afrique.
484 Upupa minor.	la Huppe d'Afrique.
485 Upupa Capensis.	la Huppe du Cap de Bonne Espérance.

Genus Promerops.	**Genre Promerops.**
486 Promerops cyanomelas.	Promerops Namaquois.
487 Promerops resplendescens.	Promerops à douze filets.
488 Promerops resplendescens, *var.* ventre nigro.	Promerops à douze filets, *var.* à ventre noir.
489 Promerops fuscus.	Promerops brun à ventre rayé.
490 Promerops Senegalensis.	Promerops du Sénégal.

Genus Epimachus.	**Genre Epimaque.**
491 Epimachus (upupa) superbus.	l'Epimaque à paremens frisés.
492 Epimachus promefil.	l'Epimaque promefil.
493 Epimachus erythrorynchos.	l'Epimaque à bec rouge.
494 Epimachus erythrorynchos.	l'Epimaque à bec rouge.

Genus Certhia.	**Genre Grimpereau.**
495 Certhia familiaris.	le Grimpereau.
496 Certhia familiaris, *var.*	le Grimpereau, *var.*
497 Certhia chloronothos.	le Dicée à dos vert.

Nº. 498 Certhia chloronothos.   le Dicée à dos vert.

499 Certhia muraria, *mas.*   le Grimpereau de muraille, *mâle.*

500 Certhia muraria, *foem.*   le Grimpereau de muraille, *fem.*

501 Certhia spiza.   le Grimpereau à tête noire.

502 Certhia Martinica.   le Grimpereau de la Martinique, ou le Sucrier.

503 Certhia superne oliva-   le Sucrier à dos olive et cea, gutture caeruleo gorge bleue pourpre, de purpurascente.   Ceilon.

504 Certhia Cajana.   le Grimpereau vert ta- cheté de Cayenne.

505 Certhia Othahitensis   le Sucrier ou le Grim- tota rubra, rostro albo.   pereau tout rouge, à bec blanc de l'Isle d'Othaiti.

506 Certhia viridi-violacea,   le Souimanga ou Grimpe- pectore coeruleo.   reau à longue queue du Cap de Bonne Espé- rance.

507 Certhia longicauda viri-   le Sucrier verd doré à di-aurea inferne lutea.   longs filets, poitrine et ventre jaunes de la Côte d'or.

508 Certhia longicauda tota   le Souimanga ou le Grim- splendide viridis.   pereau verd doré à poitrine rouge et jaune, à longue queue du Cap de Bonne Espérance.

509 Certhia viridi-aurea col-   le Sucrier verd cuivreux laris longicauda.   à longue queue et col- lier bleu verd de la Côte d'or.

Nᵒ. 510 Certhia famosa, *mas.* le grand Souimanga ou Grimpereau verd à longues pennes, *mâle*, du Cap de Bonne Espérance.

511 Certhia famosa, *mas.* le grand Sonimanga ou Grimpereau verd à longues pennes, *mâle*, du Cap de Bonne Espérance.

512 Certhia viridi - aurea, ventre et uropigio rubris. le Sucrier verd doré à ventre rouge de Botany-bay.

513 Certhia spirata. le Souimanga a gorge violette et poitrine orangée.

514 Certhia nigra, capite viridi, gula purpurea, *mas* et *foem.* le Grimpereau ou le sucrier noir à gorge pourprée du Cap de Bonne Espérance, *mâle* et *fem.*

515 Certhia fusco nigricans. le Grimpereau brun, à poitrine cramoisie rayée de verd doré d'Afrique.

516 Certhia fusco nigricans. le Grimpereau brun, à poitrine cramoisie rayée de verd doré, d'Afrique.

517 Certhia fusco nigricans. le Grimpereau brun, à poitrine cramoisie rayée de verd doré, d'Afrique.

518 Certhia olivacea, pectore et capite viridibus. le Grand sucrier olive à tête et poitrine vertes d'Afrique.

519 Certhia viridi-purpurea, capite et pectore violaceis. le Grimpereau verd doré brillant, à gorge et tête violette de la Côte d'or.

520 Certhia aurea viridis splendens. le Sucrier verd doré éclatant à triple collier d'Afrique.

N°. 521 Certhia aurata , pectore le Grimpereau doré, à col-
coeruleo. lier bleu du Cap de
Bonne Espérance.

522 Certhia violacea, purpu- le Souimanga pourpre vio-
rascens. let de Ceilon.

523 Certhia grisea; pectore le Grimpereau gris à poi-
violaceo , *mas.* trine violette , *mâle*, du
Cap de Bonne Espér.

524 Certhia purpureaIndica. le Grimpereau pourpre.

525 Certhia coerulea. le Grimpereau bleu à ailes
noires et jaunes du Bré-
sil.

526 Certhia coerulea. le Grimpereau bleu à ailes
noires et jaunes, du Bré-
sil.

527 Certhia olivacea Zeilo- le Souimanga olive des
nica. Philippines.

528 Certhia olivacea Zeilo- le Souimanga olive des
nica. Philippines.

529 Certhia chalybea, *mas.* le Grimpereau à collier ,
mâle.

530 Certhia chalybea, *foem.* le Grimpereau à collier
fem.

531 Certhia aurea dupliciter le Sucrier verd doré , à
collaris. double collier, de la
Côte d'or.

Genus Dendrocolaptes. **Genre Picicule.**

532 Dendrocolaptes (gracu- le Picucule
la) Cayenensis.

533 Dendrocolaptes (gracu- le Picucule.
la) Cayenensis.

534 Dendrocolaptes (oriolus) le Talapiot.
picus.

N°. 535 Dendrocolaptes longiros- le Picucule nasican.
     tris.

Genus Trochilus.   Genre Colibri.

536 Trochilus pella.   le Topaze.
537 Trochilus pella.   le Topaze.
538 Trochilus pella, *foem.*   le Topaze, *femelle.*
539 Trochilus cristatus.   l'Oiseau mouche huppé.
540 Trochilus cristatus.   l'Oiseau mouche huppé.
541 Trochilus major superne le grand Oiseau mouche
    viridis, inferne fusca.   verd, à gorge et ventre
                              gris du Pérou.
542 Trochilus maculatus, gut- le Colibri à moustaches
    ture viridi splendido.   et cravatte dorés.
543 Trochilus maculatus gut- le Colibri à moustaches
    ture viridi splendido.   et cravatte dorés.
544 Polythmus cuprei coloris l'Oiseau mouche à queue
    variantis, cauda fusca bi-   de Pie, du Pérou.
    penni longa apice albi-
    cante.
545 Polythmus cuprei coloris l'Oiseau mouche à queue
    variantis, cauda fusca bi-   de Pie, du Pérou.
    penni longa apice albi-
    cante.
546 Polythmus cuprei colore l'Oiseau mouche à queue
    variantis cauda fusca bi-   de Pie, du Pérou.
    penni longa apice albi-
    cante.
547 Trochilus gutture nae- l'Oiseau mouche à gorge
    vio.   tachetée de Cayenne.
548 Trochilus gutture nae- l'Oiseau mouche à gorge
    vio.   tachetée de Cayenne.
549 Trochilus gutture nae- l'Oiseau mouche à gorge
    vio.   tachetée de Cayenne.

Nᵒ. 55o Polythmus viridis splen- le Colobri grenat, à queue
didus, collo et gutture et ailes vertes veloutées
granatinis. de la Guyane.

551 Polythmus viridis splen- le Colobri grenat, à queue,
didus, collo et gutture et ailes vertes veloutées
granatinis. de la Guyane.

552 Trochilus, pectore azureo l'Oiseau mouche à gorge
cauda violacea purpu- verte bleuatre; le saphir
rea. de Cayenne.

553 Trochilus viridi-aureus, le Haussecol verd de Su-
cauda violacea. riname.

554 Trochilus viridi-aureus, le Haussecol verd de Su-
cauda violocea. riname.

555 Trochilus viridi-aureus, le Haussecol verd de Su-
cauda violocea. riname.

556 Trochilus pegalus. l'Oiseau mouche à ventre
gris de Cayenne.

557 Trochilus mellisugus. l'Oiseau mouche à ventre
doré de Cayenne.

558 Trochilus seu polythmus l'Oiseau mouche à queue
minor, cauda bifurcata, fourchue et à gorge d'un
gutture splendide rubro. rouge éclatant. Le Rubis de l'Amérique.

559 Trochilus seu polythmus l'Oiseau mouche à queue
minor, cauda bifurcata, fourchue et à gorge d'un
gutture splendide rubro. rouge éclatant. Le Rubis de l'Amérique.

56o Trochilus mellivorus tor- le Jacobine de Suriname.
quatus.

561 Trochilus gutture topa- le Rubis Topaze, ou l'oiseau
zino. mouche à gorge dorée
du Brésil.

562 Trochilus gutture topa- le Rubis Topaze, ou l'oiseau
zino. mouche à gorge dorée
du Brésil.

Nᵒ. 563 Trochilus aureus. l'Or verd, ou l'oiseau mouche entierement verd.

564 Trochilus aureus. l'Or verd, ou l'oiseau mouche entierement verd.

565 Trochilus aureus. l'Or verd, ou l'oiseau mouche entierement verd.

566 Mellisuga smaragdina splendens, gutture azureo. l'Emeraudine, ou le verd brillant à gorge d'un bleu d'azur de Cayenne.

567 Mellisuga viridi-aurea, inferne griseo-fusca, cauda violacea apice alba, *mas.* l'Oiseau mouche à col doré et queue violette à pointes blanches, du Brésil, *mâle.*

568 Mellisuga viridi-aurea, inferne griseo-fusca, cauda violacea apice alba, *mas.* l'Oiseau mouche à col doré et queue violette à pointes blanches, du Brésil, *mâle.*

569 Mellisuga viridi-aurea, inferne griseo-fusca, cauda violacea apice alba, *foem.* l'Oiseau mouche à col doré et queue violette à pointes blanches, du Brésil, *femelle.*

570 Mellisuga viridi-aurea inferne alba, macula infra aures splendide coerulea. l'Oiseau mouche à oreilles de Cayenne.

571 Mellisuga viridi-aurea inferne alba, macula infra aures splendide coerulea. l'Oiseau mouche à oreilles de Cayenne.

572 Trochilus ourissia. l'Oiseau mouche à poitrine bleue de Suriname ; l'Emeraude amathiste.

573 Trochilus ourissia. l'Oiseau mouche à poitrine bleue de Suriname ; l'Emeraude amathiste.

N°. 574 Polythmus viridis splen- le Colibri topaze, ou le
    dens, gutture topazino.   Rubicou du Perou et de
        l'Isle de la Trinité.

575 Trochilus collo cristato. l'Oiseau mouche hupecol,
576 Trochilus griseus.   grand Colibri de Suri-
        name.

577 Trochilus collaris. le Colibri haussecol bleu de
        Porto-Rico.

578 Trochilus cauda longis- le grand Colibri à longue
    sima, furcata, viridi-   queue très fourchue, verd-
    coerulea.   bleuâtre.

579 Trochilus viridis, collo le petit Colibri verd à
    albo.   gorge blanche.

580 Trochilus Brasiliensis. le grand Oiseau mouche à
        haussecol du Brésil.

581 Trochilus gramineus. le haussecol verd, ou la
        gorge d'or de l'Amérique.

582 Trochilus cristatus, *mas.* l'Oiseau mouche à fraise
        du Brésil, *mâle.*

583 Trochilus cristatus, *foem.* l'Oiseau mouche à fraise
        du Brésil, *femelle.*

584 Trochilus viridis splen- l'Oiseau mouche tomine du
    dens, coloris azureo-   Perou.
    viridis.

585 Trochilus amethystinus. l'Oiseau mouche à gorge
        couleur d'amathiste du
        Brésil.

586 Trochilus carbunculus. l'Oiseau mouche à gorge
        d'un rouge éclatant de
        l'Amérique.

587 Trochilus paradiseus, l'Oiseau mouche à racquet-
    mas.   tes ou du Paradis, *mâle.*

Nº. 588 Trochilus paradiseus, *foem.* — l'Oiseau mouche à racquettes ou du Paradis, *fem*

589 Trochilus hirsutus. — le Colibri rousset de l'Amérique.

590 Trochilus caudatus. — le Colibri à longues pennes.

591 Trochilus albiventer. — l'Oiseau mouche de Cayenne.

592 Trochilus albiventer. — l'Oiseau mouche de Cayenne.

SYNDACTYLAE. — SYNDACTYLES.

Genus Merops. — Genre Guepier.

593 Merops apiaster. — le Guepier.

594 Merops apiaster. — le Guepier.

595 Merops collaris. — le Guepier haussecol noir.

596 Merops collaris. — le Guepier haussecol noir.

597 Merops variegatus. — le Guepier varié.

598 Merops superbus. — le Guepier superbe.

599 Merops quinticolor. — le Guepier quinticolor.

600 Merops hirundinaceus. — le Guepier à queue d'hirondelle.

601 Merops hirundinaceus. — le Guepier à queue d'hirondelle.

602 Merops hirundinaceus. — le Guepier à queue d'hirondelle.

603 Merops albicollis. — le Guepier à gorge blanche.

604 Merops ———— ? — le Guepier ———— ?

605 Merops ruficollis. — le Guepier rouge gorge.

606 Merops Bulockii. — le Guepier Bulock.

607 Merops Bulockii. — le Guepier Bulock.

608 Merops ruficapillus. — le Guepier à tête rousse.

609 Merops orientalis. — le Guepier des Marattes.

Genus Prionites.	Genre Motmot.
Nº. 610 Prionites (Ramphastos) momota.	le Motmot du Brésil.
611 Prionites (Ramphastos) momota.	le Motmot du Brésil.
612 Prionites cyanogaster.	le Motmot tutu.

Genus Alcedo.	Genre Martin-Pecheur.
613 Alcedo ispida.	le Martin-Pecheur de l'Europe.
614 Alcedo maxima.	le grand Martin-Pecheur huppé d'Afrique.
615 Alcedo maxima, *var.*	le grand Martin-Pecheur huppé d'Afrique, *var.*
616 Alcedo alcyon, *mas.*	le Martin-Pecheur huppé de la Louisiane, *mâle.*
617 Alcedo alcyon, *foem.*	le Martin-Pecheur huppé de la Louisiane, *fem.*
618 Alcedo alcyon.	le Martin-Pecheur huppé de St. Domingue.
619 Alcedo alcyon.	le Martin-Pecheur huppé de St. Domingue.
620 Alcedo rudis.	le Martin-Pecheur du Sénég.
621 Alcedo rudis.	le Martin-Pecheur du Sénég.
622 Alcedo bicolor, *mas.*	le Martin-Pecheur verd et roux de Cayenne, *mâle.*
623 Alcedo bicolor, *foem.*	le Martin-Pecheur verd et roux de Cayenne, *fem.*
624 Alcedo Americana.	le Martin-Pecheur verd et blanc de Cayenne.
625 Alcedo cristata.	le Vintsi.
626 Alcedo cristata, *var.*	le Vintsi, *variet.*
627 Alcedo cristata, *var.*	le Vintsi, *variet.*

Nº. 628 Alcedo Capensis.   le Martin-Pecheur du Cap de Bonne Espérance.

629 Alcedo Capensis.   le Martin-Pecheur du Cap de Bonne Espérance.

630 Alcedo atricapilla,   le Martin-Pecheur de la Chine.

631 Alcedo Smirnensis.   le Martin-Pecheur de Smirne.

632 Alcedo Smirnensis.   le Martin-Pecheur de Smirne.

633 Alcedo dea.   le Martin-Pecheur de Terna.

634 Alcedo dea.   le Martin-Pecheur de Terna.

635 Alcedo Chlorocephala.   le Martin-Pecheur du Cap de Bonne Espérance.

636 Alcedo Senegalensis.   le Martin-Pecheur à tête grise du Sénégal.

637 Alcedo Senegalensis.   le Martin-Pecheur du Sénégal, *le grand.*

638 Alcedo Senegalensis.   le Martin-Pecheur du Sénégal, *le petit.*

639 Alcedo cancrophaga.   le Martin-Pecheur du Sénégal.

640 Alcedo cancrophaga, *variet.*   le Martin-Pecheur du Sénégal, *variet.*

641 Alcedo gigantea.   le Martin-Pecheur, gigantesque.

642 Alcedo Cayennensis.   le Martin-Pecheur verd et blanc.

643 Alcedo semi-caerulea.   le Martin-Pecheur demi-bleu.

644 Alcedo semi-caerulea.   le Martin-Pecheur demi-bleu.

645 Alcedo cinerei-frons.   le Martin-Pecheur à front gris.

646 Alcedo caeruleo-cephala.   le Martin-Pecheur à tête bleue.

Nº. 647 Alcedo cancrivora.   le Martin-Pecheur crabier.
648 Alcedo cyanoventris.   le Martin-Pecheur à ventre bleu.
649 Alcedo bicolor ?   le Martin-Pecheur verd et roux ?

Genus Todus.   Genre Todier.

650 Todus major superne viridis, gutture rubro.   le grand Todier de l'Amérique.
651 Todus major superne viridis, gutture rubro.   le grand Todier de l'Amérique.
652 Todus minor superne viridis.   la Todier de St. Domingue.
653 Todus cinereus.   le Todier de Cayenne.

Genus Buceros.   Genre Calao.

654 Buceros Abyssinicus, *mas.*   le Calao d'Abyssynie, *male.*
655 Buceros Abyssinicus, *foem.*   le Calao d'Abyssynie, *fem.*
656 Buceros Malabaricus.   le Calao du Malabar.
657 Buceros Malabaricus.   le Calao du Malabar.
658 Buceros nasutus.   le Toc.
659 Buceros nasutus, *aet. jun.*   le Toc, *jeune age.*
660 Buceros Novae Hollandiae.   le Calao de la Nouvelle Hollande.
661 Buceros gingala.   le Calao gingala.
662 Caput Bucerotis Rhinocerotis.   Tête du Calao Rhinoceros.
663 Caput Bucerotis Rhinocerotis.   Tête du Calao Rhinoceros.

SCANSORIAE.   GRIMPEURS.

Genus Galbula.   Genre Jacamar.

664 Galbula viridis, gula alba.   le Jacamar vert à gorge blanche.

N°. 665	Galbula viridis, gula rufa.	le Jacamar vert à gorge rousse.
666	Galbula leucogaster.	le Jacamar à ventre blanc.
667	Galbula paradisea.	le Jacamar à longue queue.
668	Galbula paradisea.	le Jacamar à longue queue.
669	Galbula grandis.	le Jacamar jacamaciri.

Genus Picus.		**Genre Pic.**
670	Picus minor.	le petit Epeiche.
671	Picus Canadensis, *mas.*	le Pic varié du Canada, *mâle.*
672	Picus Canadensis, *foem.*	le Pic varié du Canada, *fem.*
673	Picus rubescens.	le Pic rougeâtre.
674	Picus flavescens.	le Pic à huppé.
675	Picus Carolinus.	le Pic varié de la Jamaïque.
676	Picus Carolinus, *var.*	le Pic varié de la Jamaïque, *variet.*
677	Picus Cayennensis.	le petit Pic rayé de Cayenne.
678	Picus Cayennensis.	le petit Pic rayé de Cayenne.
679	Picus undulatus.	le Pic varié ondé.
680	Picus nubicus.	le Pic ondé et tacheté de Nubie.
681	Picus principalis, *mas.*	le grand Pic noir à bec blanc, *mâle.*
682	Picus principalis, *foem.*	le grand Pic noir à bec blanc, *femelle.*
683	Picus pectoralis.	le Pic haussecol noir.
684	Picus pectoralis.	le Pic haussecol noir.
685	Picus pectoralis.	le Pic haussecol noir.
686	Picus rubriventris, *mas.*	le Pic à ventre rouge, *mâle.*
687	Picus rubriventris *foem.*	le Pic à ventre rouge, *fem.*
688	Picus flavicans.	le Pic jaune de Cayenne.

Nᵒ. 689	Picus flavicans.	le Pic jaune de Cayenne.
690	Picus cinnamomeus, *foem.*	le Pic mordoré, *fem.*
691	Picus flaviventris, *var.*	le Pic à ventre jaune, *var.*
692	Picus rubricollis.	le Pic à cou rouge.
693	Picus lineatus.	le Pic ouantou.
694	Picus hirundinaceus, *variet. Lath. mas.*	le petit Pic noir, *variété. Lath. mâle.*
695	Picus hirundinaceus, *variet. Lath. foem.*	le petit Pic noir, *variété. Lath. fem.*
696	Picus Goensis, *mas.*	le Pic verd de Goa, *mâle.*
697	Picus Goensis, *foem.*	le Pic verd de Goa, *fem.*
698	Picus pileatus, *mas.*	le Pic noir à huppe rouge, *mâle.*
699	Picus Icterocephalus.	le petit Pic à gorge jaune.
700	Picus Icterocephalus, *var*	le petit Pic à gorge jaune, de Cayenne, *var.*
701	Picus Capensis, *mas.*	le Pic à tête grise du Cap de Bonne Espérance, *mâle.*
702	Picus Capensis, *foem.*	le Pic à tête grise du Cap de Bonne Espérance, *fem.*
703	Picus erythrocephalus.	le Pic noir à domino rouge.
704	Picus viridis, *mas.*	le Pic verd, *mâle.*
705	Picus viridis, *foem.*	le Pic verd, *fem.*
706	Picus brachyurus.	le Pic à queue courte.
707	Picus miniatus.	le Pic teint de vermillon.
708	Picus Bengalensis.	le Pic verd de Bengale.
709	Picus Marrattensis.	le Pic varié de Maratte.
710	Picus mystaceus.	le Pic à doubles moustaches.
711	Picus auratus.	le Pic aux ailes dorées.
712	Picus passerinus, *mas.*	le petit Pic olive de St. Domingue, *mâle.*
713	Picus passerinus, *foem.*	le petit Pic olive de St. Domingue, *fem.*

N°.	714 Picus punctatus.	le Pic pointillé.
	715 Picus olivaceus.	le Pic laboureur.
	716 Picus viridis ?	le Pic verd.
	717 Picus melanoleucus ?	le Pic noir à huppe jaune ?
	718 Picus ——————— ?	le Pic ——————— ?

Nova species; capite aureo-flavo, nucha et pectore albo-rubris, ventre et ano nigris, uropygio et remigibus albis. Novae Hollandiae.

Nouvelle espèce de la Nouvelle Hollandé.

Genus Yunx. — Genre Torcol.

	719 Yunx torquilla.	le Torcol.
	720 Yunx torquilla.	le Torcol.

Genus Cuculus. — Genre Coucou.

	721 Cuculus canorus.	le Coucou.
	722 Cuculus afer, *mas.*	le grand Coucou de Madagascar, *mâle.*
	723 Cuculus afer, *foem.*	le grand Coucou de Madagascar, *femelle.*
	724 Cuculus Mindanensis.	le Coucou varié deMindanao.
	725 Cuculus Mindanensis.	le Coucou varié deMindanao.
	726 Cuculus serratus, *mas.*	le Coucou Edolio, *mâle.*
	727 Cuculus serratus, *foem.*	le Coucou Edolio, *fem.*
	728 Cuculus pybropterus.	le Coucou aux ailes rousses.
	729 Cuculus punctatus.	le Coucou tacheté des Indes.
	730 Cuculus cristatus.	le Coucou coua.
	731 Cuculus testaceus.	le petit Coucou à tête grise et ventre jaune.
	732 Cuculus naevius.	le Coucou brun tacheté de roux.
	733 Cuculus macrocercus.	le Coucou piaye.
	734 Cuculus aeneus.	le Coucou gris bronzé.

Nᵒ. 735 Cuculus coeruleus.   le Coucou tait-sou.
736 Cuculus minutus.   le petit Coucou.
737 Cuculus clamosus, *foem.*   le Coucou criard, *fem.*
738 Cuculus crassirostris.   le Coucou à bec gris.
739 Cuculus vetula.   le Coucou ——————?
740 Cuculus Philippensis.   le Coural des Philippines.
741 Cuculus tranquillus.   le Barbacou à bec rouge.
742 Cuculus tranquillus.   le Barbacou à bec rouge.
743 Cuculus tenebrosus.   le Barbacou à pieds jaunes.
744 Cuculus palliolatus.   le Coucou verd et blanc.
745 Cuculus palliolatus.   le Coucou verd et blanc.
746 Cuculus cupreus.   le Coucou cuivré.

Genus Indicator.   **Genre Indicateur.**

747 Indicator major.   le grand Indicateur.
748 Indicator minor.   le petit Indicateur.

Genus Malcoha.   **Genre Malcoha.**

749 Malcoha viridis.   le Malcoha rou-verdin.

Genus Pogonias.   **Genre Barbican.**

750 Pogonias major.   le Barbican à collier noir.
751 Pogonias minor.   le Barbican à collier blanc.

Genus Tamatia.   **Genre Tamatia.**

752 Bucco collaris.   le Barbu à collier.
753 Bucco macrorynchos.   le Barbu à gros bec.
754 Bucco macrorynchos.   le Barbu à gros bec.
755 Bucco tamatia.   le Barbu Tamatia.

Genus Bucco.   **Genre Barbu.**

756 Bucco Zeilanicus.   le Barbu Kottorea.
757 Bucco niger, *mas.*   le Barbu à gorge noire, *mâle.*

No. 758 Bucco niger, *foem ?* — le Barbu à gorge noire, *fem.* ?
759 Bucco flavicollis. — le Barbu à gorge jaune.
760 Bucco rubricollis, *mas.* — le Barbu à tête et gorge rouge, *mâle.*
761 Bucco rubricollis, *mas.* — le Barbu à tête et gorge rouge , *mâle.*
762 Bucco rubricollis, *foem.* — le Barbu à tête et gorge rouge, *fem.*
763 Bucco pareus. — le petit Barbu.
764 Bucco cyanocollis. — le Barbu à gorge bleue.
765 Bucco rubrifrons. — le Barbu barbion.
766 Bucco rubrifrons. — le Barbu barbion.
767 Bucco rubrifrons. — le Barbu barbion.
768 Bucco corvinus Temm. — le Barbu ———— ?
769 Bucco grandis , *foem?* — le grand Barbu , *fem.* ?
770 Bucco Senegalensis. — le Barbu du Sénégal.
771 Bucco ———— ? — le Barbu ———— ?

Genus Trogon. — Genre Couroucou.

772 Trogon viridis, *foem.* — le Couroucou courroucouai, *fem.*
773 Trogon surucura. — le Couroucou surucura.
774 Trogon roseigaster, *mas.* — le Couroucou damoiseau, *mâle.*
775 Trogon roseigaster, *foem.* — le Couroucou damoiseau , *fem.*
776 Trogon curucui. — le Couroucou rocou.
777 Trogon curucui. — le Couroucou rocou.
778 Trogon narina, *aet. jun.* — le Couroucou narina , *jeune âge.*
779 Trogon collaris. — le Couroucou rosalba.
780 Trogon atricollis , *aet. jun.* — le Couroucou Oranga, *jeune âge , avant la mue.*
781 Trogon leverianus. — le Couroucou leverian.

Genus Ramphastos.	Genre Toucan.
N°. 782 Ramphastos toco.	le Toucan toco, *mâle*.
783 Ramphastos dicolorus.	le Toucan à gorge jaune.
784 Ramphastos dicolorus, *var*.	le Toucan à gorge jaune, de Cayenne, *var*.
785 Ramphastos dicolorus, *var*.	le Toucan à gorge jaune, de Cayenne, *var*.
786 Ramphastos piscivorus.	le Toucan à gorge blanche du Brésil.
787 Ramphastos erythro-rynchos.	le Toucan à gorge blanche de Cayenne.

Genus Crotophaga.	Genre Ani.
788 Crotophaga ani.	l'Ani des Savanes.
789 Crotophaga major.	l'Ani des Palétuviers.

Genus Pteroglossus.	Genre Aracari.
790 Ramphastos aracari.	l'Aracari grigri.
791 Ramphastos aracari, *var*.	l'Aracari grigri, *var*.
792 Ramphastos aracari, *var*. fasciis abdominalibus duabus nigro-rubris.	l'Aracari grigri, *var*.
793 Ramphastos piperivorus, *mas*.	l'Aracari koulik, *mâle*.
794 Ramphastos piperivorus, *foem*.	l'Aracari koulik, *fem*.
795 Ramphastos piperivorus, *mas. variat.* rostro albo, striis diversis nigris.	l'Aracari koulik, *var. mâle*.
796 Ramphastos piperivorus, *foem*.	l'Aracari koulik, *fem*.
797 Pteroglossus viridis, *mas*.	l'Aracari verd, *mâle*.
798 Pteroglossus viridis, *foem*	l'Aracari verd, *fem*.

Genus Psittacus.	Genre Perroquet.
N°. 799 Psittacus aracanga.	l'Aracanga.
800 Psittacus ararauna.	l'Ararauna.
801 Psittacus militaris.	l'Ara militaire.
802 Psittacus versicolor.	la Perruche ara.
803 Psittacus solstitialis.	la Perruche ara guaraba.
804 Psittacus torquatus. *Bris-son.*	la Perruche à collier rose.
805 Psittacus torquatus. *Bris-son.*	la Perruche à collier rose.
806 Psittacus haematopus, *mas.*	la Perruche à tête bleue, *mâle.*
807 Psittacus haematopus, *foem.*	la Perruche à tête bleue, *fem.*
808 Psittacus Alexandri.	la grande Perruche à collier.
809 Psittacus pondicerianus.	la Perruche à poitrine rose.
810 Psittacus Ludovicianus.	la Perruche à tête jaune.
811 Psittacus torquatus *Linn.* *variet.* flava.	la Perruche soufre.
812 Psittacus erythrocepha-lus.	la Perruche à collier noir.
813 Psittacus concinnus.	la Perruche à bandeau rouge.
814 Psittacus humeralis.	la Perruche de Banks.
815 Psittacus ornatus.	la Perruche lori.
816 Psittacus riciniatus.	la Perruche à chaperon bleu.
817 Psittacus virescens.	la Perruche à ailes variées.
818 Psittacus sosove.	la Perruche à tache souci.
819 Psittacus sosove.	la Perruche à tache souci.
820 Psittacus melanopterus.	la Perruche Javane.
821 Psittacus annulatus.	la Perruche à collier jaune.
822 Psittacus papuensis.	la Perruche lori Papou.
823 Psittacus papuensis.	la Perruche lori Papou.
824 Psittacus elegans.	la Perruche à large queue.

N°. 825 Psittacus elegans, *aet.* la Perruche à large queue,
    jun.   *jeune âge.*
   826 Psittacus obscurus.   le grand vaza.
   827 Psittacus amazonicus.   l'Amazone , *mâle.*
   828 Psittacus amazonicus.   l'Amazone à tête jaune.
   829 Psittacus amazonicus.   l'Amazone à culotte bleue.
   830 Psittacus amazonicus.   l'Amazone.
   831 Psittacus amazonicus.   l'Amazone jaune.
   832 Psittacus Dufresni.   le Perroquet Dufresne.
   833 Psittacus pulverulentulus. le Perroquet meunier.
   834 Psittacus domicella.   le Perroquet lori radhia.
   835 Psittacus atricapillus.   le Perroquet lori à collier
                             jaune.
   836 Psittacus atricapillus.   le Perroquet lori à collier
                             jaune.
   837 Psittacus Cyanurus.   le perroquet lori à queue
                             bleue.
   838 Psittacus ochrophterus. le Perroquet à épaulettes
                             jaunes.
   839 Psittacus ochrophterus. le Perroquet à épaulettes
                             jaunes.
   840 Psittacus amazonicus, *var.* le Perroquet cendré, *var.*
   841 Psittacus erythacus.   le Perroquet cendré.
   842 Psittacus erythacus.   le Perroquet cendré.
   843 Psittacus leucocephalus. le Perroquet à face rouge.
   844 Psittacus aestivus.   lePerroquetsaourou couraou
   845 Psittacus menstruus.   le Perroquet à camail bleu.
   846 Psittacus menstruus.   le Perroquet à camail bleu.
   847 Psittacus purpureus.   le Perroquet à camail bleu,
     foem.   *fem.*
   848 Psittacus purpureus ,   le Perroquet à camail bleu,
     foem.   *fem.*
   849 Psittacus Senegalus.   le Perroquet à tête grise.
   850 Psittacus Senegalus.   le Perroquet à tête grise.

N°. 851 Psittacus melanocepha- le Perroquet maipouri, *mâle.*
      lus, *mas.*
852 Psittacus lori.   le Perroquet lori à scapu-
       laires bleues.
853 Psittacus Le Vaillantii, le Perroquet de Vaillant,
       mas.   *mâle.*
854 Psittacus Sinensis.   le Perroquet à flancs rouges.
855 Psittacus pileatus.   le Perroquet caica.
856 Psittacus passerinus.   la petite Perruche du Cap
       de Bonne Espérance.
857 Psittacus accipitrinus. le Perroquet maille.
858 Psittacus rufirostris.   la Perruche.
859 Psittacus Guianensis.   la Perruche de la Guyane.
860 Psittacus canus.   la petite Perruche de Mada-
       gascar.
861 Psittacus galgulus.   la petite Perruche du Perou.
862 Psittacus pullarius.   la Perruche de Guinée.
863 Psittacus pullarius.   la Perruche de Guinée.
864 Psittacus peregrinus.   la petite Perruche d'Afrique.
865 Psittacus peregrinus.   la petite Perruche d'Afrique.
866 Psittacus Madagascari- la Perruche de Madagascar.
       ensis.
867 Psittacus Banksii.   le Cacatoes de Banks.
868 Psittacus Temminckii. le Cacatoes de Temminck.
869 Psittacus funereus.   le Cacatoes funèbre.
870 Psittacus Moluccensis. le Cacatoes à huppe rouge.
871 Psittacus Moluccensis. le Cacatoes à huppe rouge.
872 Psittacus sulphureus.   le Cacatoes à huppe jaune.

Genus Corythaix.   Genre Touraco.

873 Corythaix (cuculus)   le Touraco du Cap de Bonne
       persa, *mas.*   Espérance, *mâle.*
874 Corythaix (cuculus)   le Touraco du Cap de Bonne
       persa, *foem.*   Espérance, *fem.*

N°. 875 Corythaix (Phasianus) le Touraco d'Afrique.
Africanus.

GALLINACEAE.	GALLINACÉS.
Genus Pavo.	**Genre Paon.**
876 Pavo bicalcaratus, *foem.*	l'Eperonnier, *fem.*
Genus Crax.	**Genre Hocco.**
877 Crax globicera.	le Hocco de la Guyane.
878 Crax globicera; *var.*	le Hocco de Curaçao *var.*
879 Crax rubra.	le Hocco du Pérou.
880 Crax rubra.	le Hocco du Pérou.
Genus Ourax.	**Genre Pauxi.**
881 Crax (ourax) pauxi.	l'Oiseau à pierre de Cayenne.
Genus Penelope.	**Genre Penelope.**
882 Penelope cristata.	Dindon du Brésil.
Genus Ortalida.	**Genre Hoazin.**
883 Phasianus cristatus.	l'Hoazin.
Genus Gallus.	**Genre Coq.**
884 Gallus domesticus, *foem.*	la Poule domestique, *fem.*
885 Gallus ecaudatus.	le Coq sans queue.
886 Gallus domestici pullus.	un Poulet.
Genus Phasianus.	**Genre Faisan.**
887 Phasianus nycthemerus.	le Faisan d'argent.
888 Phasianus pictus.	le Faisan doré.
889 Phasianus torquatus.	le Faisan à collier.
890 Phasianus torquatus, *var.*	le Faisan à collier, *var.*
891 Phasianus varius.	le Faisan panaché.

Nº. 892	Phasianus hybridus.	le Faisan coquard.
893	Phasianus hybridus.	le Faisan coquard.
894	Phasianus Cayanensis.	le Faisan verdâtre de Cayenne.
895	Phasianus argus.	le Faisan argus.
896	Phasianus ignitus, *mas.*	le Houppifère, *mâle.*
897	Phasianus ignitus, *foem.*	le Houppifère, *femelle.*

Genus Numida. — **Genre Peintade.**

898	Numida meleagris.	le Peintade.
899	Numida meleagris, *var.*	le Peintade, *variété.*
900	Numida cristata.	le Peintade à crête.

Genus Tetrao. — **Genre Tetras.**

901	Tetrao bonasia, *mas.*	la Gelinotte, *mâle.*
902	Tetrao bonasia, *foem.*	la Gelinotte, *fem.*
903	Tetrao cupido.	le Coq de bruyère à fraise.
904	Tetrao lagopus.	le Lagopède ordinaire.

Genus Pterocles. — **Genre Ganga.**

905	Tetrao alchata.	le Ganga des Pyreneés.
906	Tetrao Indicus, *mas.*	le Gelinotte des Indes, *mâle.*
907	Tetrao Indicus, *foem.*	le Gelinotte des Indes, *fem.*
908	Tetrao Namaqua, *mas.*	le Namaqua, *mâle.*
909	Tetrao Namaqua, *foem.*	le Namaqua, *fem.*
910	Tetrao ———— ?	la Gelinotte ———— ?

Genus Perdix. — **Genre Perdrix.**

911	Perdix (Tetrao) Franco-linus, *mas.*	la Perdrix Francolin, *male.*
912	Perdix (Tetrao) Franco-linus, *foem.*	la Perdrix Francolin, *fem.*
913	Perdix (Tetrao) rnfa.	la Perdrix rouge.
914	Perdix Capensis.	la Perdrix du Cap de Bonne Espérance.
915	Perdix perlata, *var.*	la Perdrix perleé de la Chine variété.

Nº. 916 Perdix longirostris. la Perdrix (francolin) à long bec.

917 Perdix montana. la Perdrix de montagne.

918 Perdix oculea. la Perdrix oculée.

919 Perdix alba, *mas*. la Perdrix blanche, *mâle*. Apportée de la mer du Sud par *Bougainville*.

920 Perdix coronata, *mas*. la Perdrix couronnée, *mâle*.

921 Perdix coronata, *foem*. la Perdrix couronnée, *fem*.

922 Perdix barbara. la Perdrix rouge de Barbarie

923 Perdix Guyanensis. la Perdrix Tocro.

924 Perdix Kakelik ? la Perdrix Kakelik ?

Genus Coturnix.   Genre Caille.

925 Tetrao coturnix. la Caille commune.

926 Coturnix(Tetrao)cristata. la Zonecolin.

927 Coturnix(Tetrao)cristata. la Zonecolin.

928 Coturnix (Tetrao) torquata, *mas*. la Caille à gorge blanche, *mâle*.

929 Coturnix (Tetrao)torquata, *foem*. la Caille à gorge blanche, *fem*.

Genus Tinamus.   Genre Tinamou.

930 Tinamus major. le Tinamou de Cayenne.

Genus Columba.   Genre Pigeon.

931 Columba coronata. le Pigeon couronné.

932 Columba Nicobarica. le Pigeon de Nicobar.

933 Columba cyanocephala. la Tourterelle de la Jamaique.

934 Columba Martinica. le Pigeon de la Martinique.

935 Columba Martinica. le Pigeon de la Martinique.

936 Columba passerina. le petite Tourterelle de la Martinique.

N°. 937 Columba minuta.   le petite Tourterelle de St. Domingue.

938 Columba turtur.   la Tourterelle.

939 Columba Capensis, *mas*.   la Tourterelle à cravatte noire, *mâle*.

940 Columba Capensis, *foem*.   la Tourterelle à cravatte noire, *fem*.

941 Columba Capensis, *mas*. *var*.   la Tourterelle à cravatte noire, *mâle var*.

942 Columba speciosa.   le Pigeon ramier de Cayenne.

943 Columba speciosa.   le Pigeon ramier de Cayenne.

944 Columba Javanica.   la Tourterelle de Java.

945 Columba Javanica, *var*.   la Tourterelle de Java, *var*.

946 Columba Javanica, *var*.   la Tourterelle de Java, *var*.

947 Columba Guinensis.   le Pigeon de Guinée,

948 Columba Abyssinica.   la Tourterelle du Sénégal.

949 Columba Wallia.   le Pigeon Walia.

950 Columba aurata.   le Pigeon aux ailes dorées.

951 Columba gymnophthalmus.   le Pigeon jounud.

952 Columba auricularis.   le Pigeon oricou.

953 Columba auricularis.   le Pigeon oricou.

954 Columba furcata.   la Tourterelle brune.

955 Columba viridi-olivacea, *mas*.   le Columbar, *mâle*.

956 Columba viridi-olivacea, *foem*.   le Columbar, *fem*.

957 Columba viridis.   le Pigeon turvert.

958 Columba oenas.   le Pigeon sauvage de l'Amérique.

959 Columba Bengalensis.   le Ramier de Bengale.

960 Columba picata.   le Pigeon pie.

N°. 961 Columba lanulata.   la Tourterelle rayée de la Chine.

962 Columba macroura.   la Tourterelle tourocou.

963 Columba Indica.   le Ramier à calotte blanche.

964 Columba Amboinensis.   la Tourterelle à poitrine ensanglantée.

965 Columba Meridionalis.   la Pigeon brun de la nouv. Hollande.

966 Columba marginata.   la Tourterelle d'Amérique.

967 Columba cruenta.   le Pigeon ensanglanté.

968 Columba collaris.   la Tourterelle brune.

969 Columba carunculata.   le Columbi-galline.

970 Columba carunculata, var.   le Columbi-galline, *var.*

971 Columba laticauda.   le Pigeon paon.

972 Columba cucullata.   le Nonain.

973 Columba cucullata.   le Nonain.

GRALLAE.   ECHASSIERS.

Genus Casuarius.   Genre Casoar.

974 Struthio casuarius.   le Casoar à casque.

Genus Otis.   Genre Outarde.

975 Otis tarda.   la grande Outarde.

976 Otis Bengalensis.   la Cannepetière.

Genus Charadrius.   Genre Pluvier.

977 Charadrius hyaticula.   le Pluvier à collier.

978 Charadrius Cayanus, *var.*   le Pluvier armé de Cayenne, *var.*

979 Charadrius torquatus.   le Pluvier du Sénégal.

Genus Tringa.   Genre Vanneau.

980 Tringa varia.   le Vanneau varié.

	Genus Psophia.	Genre Agami.
Nº.	981 Psophia crepitans.	l'Oiseau trompette.
	Genus Grus.	Genre Grue.
	982 Ardea pavonia.	l'Oiseau royal ou la Grue couronnée.
	983 Ardea virgo.	la Demoiselle de Numidie.
	984 Ardea virgo , *aet. jun.*	la Demoiselle de Numidie , *jeune âge.*
	985 Ardea grus.	la Grue commune.
	986 Ardea grus, *aet. jun.*	la Grue commune, *jeune âge.*
	987 Ardea scolopacea.	le Courlan de Cayenne.
	988 Ardea helias.	le Caural.
	989 Grus carunculata.	la Grue caronculée.
	Genus Cancroma.	Genre Savacou.
	990 Cancroma cochlearia.	le Savacou.
	Genus Ardea.	Genre Héron.
	991 Ardea major.	le Héron commun.
	992 Ardea garzetta.	la petite Aigrette.
	993 Ardea garzetta.	la petite Aigrette.
	994 Ardea garzetta.	la petite Aigrette.
	995 Ardea egretta.	la grande Aigrette d'Amérique.
	996 Ardea alba.	le Héron blanc.
	997 Ardea stellaris.	le Butor d'Europe.
	998 Ardea ferruginea.	le Butor rouillé.
	999 Ardea nycticorax.	le Bihoreau d'Europe.
	1000 Ardea coerulea.	le Crabier de Cayenne.
	1001 Ardea Malaccensis.	le Crabier blanc et brun.
	1002 Ardea chalybea.	le Crabier chalybé.
	1003 Ardea leucocephala.	le Héron de la côte de Coromandel.

N°. 1004 Ardea pileata. le Héron blanc à calotte
           noire.
1005 Ardea atra.   le Héron noir.
1006 Ardea rubeginosa. le Héron rougeâtre.
1007 Ardea albicollis. le Héron bleu à gorge
           blanche.
1008 Ardea cana.   le Héron cendré.
1009 Ardea agami.   le Héron agami.
1010 Ardea leucogaster? le Héron demi-aigrette?

Genus Ciconia.   Genre Cigogne.

1011 Ardea nigra.   la Cigogne noire.
1012 Ciconia argala. la Cigogne à sac.
1013 Ciconia argala. la Cigogne à sac.

Genus Scopus.   Genre Ombrette.

1014 Scopus umbretta. l'Ombrette.

Genus Tantalus.   Genre Tantale.

1015 Tantalus loculator. le Tantale d'Amérique.

Genus Ibis.   Genre Ibis.

1016 Ibis religiosa, *aet. jun.* l'Ibis blanc ou sacré, *jeune
           âge.*
1017 Ibis religiosa, *aet. ad.* l'Ibis blanc ou sacré, *âge
           adulte.*
1018 Ibis fusca.   l'Ibis brun.
1019 Tantalus albicollis. l'Ibis à col blanc.
1020 Tantalus cristatus. l'Ibis huppé.

Genus Platalea.   Genre Spatule.

1021 Platalea aiaia. la Spatule rose.

Genus Numenius.   Genre Courli.

1022 Ibis falcinellus. l'Ibis vert.

Nº. 1023 Ibis rubra, *aet. adult.* l'Ibis rouge, *âge adulte.*
1024 Ibis rubra, *aet. adult.* l'Ibis rouge, *âge adulte.*
1025 Ibis rubra, *duorum annorum.* l'Ibis rouge, *de deux ans.*
1026 Ibis rubra, *aet. secunda.* l'Ibis rouge, *second âge.*
1027 Ibis rubra, *aet. prima.* l'Ibis rouge, *premier âge.*
1028 Numenius minor. le très-petit Courli.

Genus Phaeopus.　　Genre Courlieu.

1029 Scolopax phaeopus. le Courlieu d'Europe.

Genus Scolopax.　　Genre Bécassine.

1030 Scolopax Capensis. la Bécassine du Cap de Bonne Espérance.
1031 Scolopax Madagascariensis. la Bécassine de Madagascar.
1032 Scolopax rusticolae pullus? le petit de la Bécasse?

Genus Limosa.　　Genre Barge.

1033 Scolopax aegocephala. la grande Barge.
1034 Scolopax leucophaea. la Barge grise.

Genus Machetes.　　Genre Combattant.

1035 Machetes (Tringa) pugnax. le Combattant.

Genus Totanus.　　Genre Chevalier.

1036 Totanus marmoratus. le Chevalier marbré.
1037 Totanus (Tringa) gambetta. le Gambette.

Genus Parra.　　Genre Jacana.

1038 Parra Jacana. le Jacana commun.
1039 Parra Jacana. le Jacana commun.

Nº. 1040 Parra variabilis. le Jacana varié du Brésil.
1041 Parra Sinensis. le Jacana Yuppi-pi.
1042 Parra Luzoniensis. le Jacana de l'Isle de St. Luçon.
1043 Parra cristata. le Jacana vert à crête.
1044 Parra cristata, *aet. jun?* le Jacana vert à crête *jeune âge?*

Genus Palamedea. Genre Kamichi.

1045 Palamedea cornuta. le Camouche.

Genus Rallus. Genre Rale.

1046 Rallus aquaticus, *aet. jun.* le Rale d'eau d'Europe, *jeune âge.*
1047 Rallus aquaticus. le Rale d'eau d'Europe.
1048 Rallus fuscus. le Rale brun des Philippines.
1049 Rallus Cayanensis, *var.* le Rale à ventre roux, *var.*
1050 Rallus minutus, *var.* le petit Rale de Cayenne, *var.*
1051 Rallus minutus, *var.* le petit Rale de Cayenne, *var.*
1052 Rallus porzana. la Marouette.

Genus Gallinula. Genre Poule d'eau.

1053 Fulica chloropus. la Poule d'eau commune.
1054 Fulica chloropus. la Poule d'eau commune.
1055 Fulica Americana. la Favorite.

Genus Porphyrio. Genre Talève.

1056 Fulica porphyrio. la Poule sultane ordin.
1057 Fulica porphyrio. la Poule sultane ordin.

Nº. 1058 Porphyrio minor. la petite Poule sultane.

1059 Porphyrio minor. la petite Poule sultane.

Genus Fulica. **Genre Foulque.**

1060 Fulica atra. la Foulque.

GenusPhoenicopterus. **Genre Flamant.**

1061 Phoenicopterus ruber. le Flamant.

1062 Phoenicopterus ruber. le Flamant.

1063 Phoenicopterus ruber. le Flamant.

1064 Phoenicopterus minor, le petit Flamant, *jeune*
  aet. jun.   *âge.*

PALMIPEDES. PALMIPEDES.

Genus Colymbus. **Genre Grêbe.**

1065 Colymbus cristatus. le Grêbe huppé.

1066 Colymbus minor. le petit Grêbe.

1067 Colymbus glacialis. le grand Plongeon.

1068 Colymbus fulicarius. le Grêbe foulque.

Genus Uria. **Genre Guillemot.**

1069 Uria troile. le Guillemot.

Genus Alca. **Genre Pingouin.**

1070 Alca aretica. Le Macareux.

Genus Aptenodytes. **Genre Manchot.**

1071 Aptenodytes Capensis. le Manchot du Cap de Bon-
     ne Espérance.

Genus Procellaria. **Genre Pétrel.**

1072 Procellaria Capensis. le Damier du Cap de
     Bonne Espérance.

1073 Procellaria Capensis. le Damier du Cap de Bonne
     Esperance.

1074 Procellaria pelagica. l'Oiseau de tempête.

	Genus Larus.	**Genre Goeland.**
Nᵒ. 1075	Larus glaucus.	le Goeland à manteau gris.
	Genus Sterna.	**Genre Hirondelle.**
1076	Sterna hirundo.	l'Hirondelle de mer.
1077	Sterna minuta.	le petite Hirondelle de mer.
1078	Sterna Caspica.	l'Hirondelle de mer Caspienne.
1079	Sterna stolida.	le Noddi.
	Genus Rhynchops.	**Genre Coupeur d'eau.**
1080	Rhynchops nigra.	le Bec en ciseaux.
1081	Rhynchops nigra.	le Bec en ciseaux.
	Genus Pelecanus.	**Genre Pélican.**
1082	Pelecanus Philippensis	le Pélican des Philippines.
	Genus Phalacrocorax.	**Genre Cormoran.**
1083	Pelecanus carbo.	le Cormoran.
1084	Pelecanus Africanus.	le petit Cormoran.
	Genus Sula.	**Genre Fou.**
1085	Pelecanus bassanus.	le Fou de Bassan.
1086	Pelecanus sula.	le Fou.
1087	Pelecanus sula, *var.*	le Fou, *var.*
	Genus Plotus.	**Genre Anhinga.**
1088	Plotus melanogaster.	l'Anhinga à ventre noir.
1089	Plotus melanogaster, *var.*	l'Anhinga à ventre noir, *var.*
	Genus Phaeton.	**Genre Paille en queue.**
1090	Phaeton aethereus.	la Paille en queue de l'Isle d'Ascension.

N°.1091 Phaeton aethereus. la Paille en queue de l'Isle de Cayenne.

1092 Phaeton phaenicurus. la Paille en queue.

Genus Anas.   **Genre Canard.**

1093 Anas Coromandelica, foem. la Sarcelle, *femelle.*

1094 Anas mollissima. *mas.* l'Eider , *mâle*

1095 Anasgalericulata, *mas.* le Canard de la Chine. *mâle.*

1096 Anas galericulata, *foem.* le Canard de la Chine, *fem.*

1097 Anas sponsa , *mas.* le Canard de la Caroline , *mâle.*

1098 Anas sponsa, *foem.* le Canard de la Caroline, *femelle.*

1099 Anas autumnalis. le Canard siffleur de Cayenne.

1100 Anas viduata. le Canard du Maragnan.

1101 Anas bosschas , *var.* le Canard sauvage *var.*

1102 Anas erythrocephala. le Canard à tête rouge.

Genus Mergus.   **Genre Harle.**

1103 Mergus Castor, *foem.* le Harle , *femelle.*

———

A. Crocodilus selerops.   le Kaïman

INSECTA.   INSECTES.

COLEOPTERA.   COLEOPTERES.

Genus Lucanus.

N°.
1 Cervus, Capra, Paralellipipedus, etc. 8 *exempl.*
2 Alces, Paralellipipedus, Capreolus, etc. 14 *ex.*
3 Giraffa, Interruptus, etc. 9 *ex.*
4 Zebra, Bicolor, Interruptus, Capreolus, etc.
15 *ex.*

Genus Scarabaeus.

5 Actaeon, *mâle, Exempl. Magnif.*
6 Actaeon, *femelle*, E. M.
7 Actaeon, *mâle*, E. M.
8 Actaeon, *mâle.*
9 Hercules, *mâle*, E. M.
10 Hercules, *mâle*, E. M.
11 Hercules, *mâle*, E. M.
12 Hercules, *variété noire, mâle*, E. M.
13 Longimanus, *mâle*, E. M.
14 Longimanus, *mâle*, E. M.

N°. 15 Longimanus, *fem. E. M.*

16 Tityus, *var.*, *E. M.*, et Sabaeus, 4 *exempl.*

17 Hercules, *variété noire*, Aloëus.

18 Atlas, *Exempl. parfait.*

19 Atlas.

20 Atlas, *E. M.*

21 Atlas, *minor*, Gideon, *mâle* et *fem.*

22 Dichotomus, Bilobus, etc. 3 *ex.*

23 Chorinaeus, 2 *ex.*

24 Gideon, Enema, etc. 8 *ex.*

25 Actaeon, *mâle*, Rhinoceros, etc. 6 *ex.*

26 Agenor, Gideon, Aloëus, etc. 4 *ex.*

27 Claviger, 2 *ex.*

28 Anteus, Phorbanta, Bilobus, etc. 9 *ex.*

29 Rhinoceros, Nasicornis, Maeres, etc. 10 *ex.*

30 Elephas, *E. M.*

31 Elephas, *E. parf.*

32 Elephas, *E. parf.*

33 Molossus, Bacchus, etc. 5 *ex.*

34 Bilobus, Ammon, Typhus, etc. 16 *ex.*

35 Molossus, Bucephalus, Cylindricus, Vacca, etc. 20 *ex.*

36 Boas, Zoilus, Pilularius, etc. 18 *ex.*

37 Molossus, Bacchus, etc. 5 *ex.*

38 Phorbanta, Oromedon, Itys, etc. 8 *ex.*

39 Molossus, Sacer, Lernaus Cephalotes, etc. 6 *ex.*

40 Lunaris, Sacer, Molossus, etc 5 *ex.*

41 Eridanus, Molossus, Striatus, etc. 8 *ex.*

42 Cadmus, Silenus, Aenobarbus, etc. 20 *ex.*

43 Lancifer, Iuvencus, Laticollis, etc. 12 *ex.*

44 Sacer, Koenigii, Catta, etc. 10 *ex.*

45 Faunus, Mimas, Apelles, Rhadamistus, etc. 18 *ex.*

N°. 46 Mimas, Rhadamistus, Carnifex, Festivus, etc.
　　5 exempl.
47 Lancifer, Vernalis, Schreberi, etc. 8 *ex*.
48 Faunus, Mimas, Menalcas, Apelles, etc. 10 *ex*.

Genus Melolontha.

49 Glauca, Commersonii, Vulgaris, etc. 8 *ex*.
5o Commersonii, Fullo, Ruricola, etc. 9 *ex*.
51 Alba, Vulgaris, Dubia, etc. 12 *ex*.
52 Punctata, Glauca, Ruricola, Lutea, Morio,
　　Fruticola, Gagates, etc. 22 *ex*.
53 Fullo, *mâle* et *fem*. et 5 autres espèces.
54 Sabulosus, Fullo, et 12 autres.
55 Pallida, Fervida, etc. 13 *ex*.

Genus Cetonia.

56 Cacicus, *Exempl. unique, en état parfait.*
57 Goliathus, *Exempl. unique, en état parfait.*
58 Holosericea, Carnifex, Lineata, etc. 12 *ex*.
59 Carnifex, Cincta, Interrupta, etc. 11 *ex*.
6o Bajula, Versicolor, Philippensis, etc. 16 *ex*.
61 Liturata, Hispida, Hebraea, Versicolor, Coe-
　　rulea, etc. 11 *ex*.
62 Sinuata, Interrupta, Coerulea, etc. 13 *ex*.
63 Aequinoctialis, Marginatus, Fasciata, etc. 12 *ex*.
64 Bajula, Versicolor, etc. 18 *ex*.
65 Lanius, Lurida, etc. 14 *ex*.
66 Holosericea, Cincta, Versicolor, etc. 8 *ex*.
67 Hebraea, Irregularis, Punctata, etc. 15 *ex*.
68 Gagates, Nitida, Morio, etc. 14 *ex*.
69 Ciliata, Hirta, Cyanea, etc. 13 *ex*.
7o Signata, Convexa, Vitis, etc. 14 *ex*.

Nº. 71 Hispida, Interrupta, Lineola, etc. 12 *exempl.*

72 Convexa, Lineola, Nitida, etc. 8 *ex.*

73 Chrysis, Nitida, etc. 8 *ex.*

74 Maculata, Lineola, Capensis, etc. 10 *ex.*

75 Aurata, Fascicularis, Aulica, etc. 7 *ex.*

76 Quadripunctata, Splendida, etc. 10 *ex.*

77 Signata, Chrysis, Nitida, etc. 8 *ex.*

78 Chinensis viridis, Capensis, Sanguinolenta, etc. 7 *ex.*

79 Variabilis, Chinensis nigra, Aurata, etc. 5 *ex.*

80 Fascicularis, Signata, Capensis, etc. 7 *ex.*

81 Africana, Smaragdula, Aurata, etc. 7 *ex.*

82 Elegans, Bicolor, Africana, etc. 5 *ex.*

83 Viridis lineis albis, Maculata, Signata, etc. 10 *ex.*

84 Capensis, Cadmus, Argentea, et une espèce très rare, etc. 12 *ex.*

Genus Hister, Necephorus, Silpha.

85 Hister Maxillosus; Nicrophorus Vespillo, Americanus, Germanicus, Humator; Silpha Quadripunctata, Americana, Thoracica, etc. 30 *ex.*

86 Hister, Nicrophorus, Silpha, differ. espèces de ces genres, 50 *ex.*

Genus Lycus, Lampyris, etc.

87 Lycus Rostratus, Reticulatus, Fasciatus, Cicindela; Cantharis, Lampyris; plusieurs espèces de ces genres, 100 *ex.*

Genus Elator.

88 Oculatus, Virens, Speciosus, Suturalis, Ligneus, Cruciatus, Fasciatus, etc. 34 *ex.*

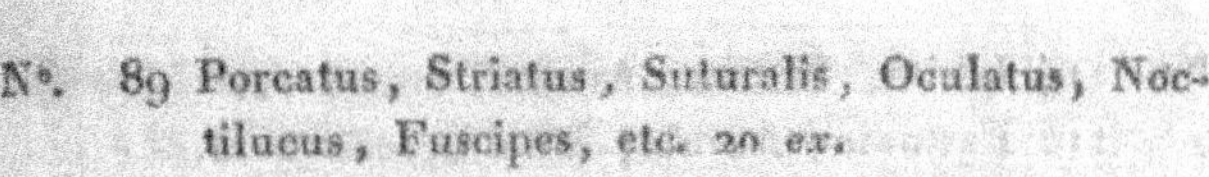

Nº. 89 Porcatus, Striatus, Suturalis, Oculatus, Noctilucus, Fuscipes, etc. 20 *ex.*

90 Speciosus, Ligneus, Noctilucus, Virens, et une espèce très rare, etc. 20 *ex.*

91 Luridus, Speciosus, Oculatus, Virens, Suturalis, Cruciatus, etc. 25 *ex.*

92 Virens, Striatus, Suturalis, Luridus, Ligneus, Noctilucus, etc. 11 *ex.*

Genus Buprestis.

93 Gigantea, 2 *ex.*
94 Gigantea, 2 *ex.*, et Vittata.
95 Sternicornis, Castanea, Aurata, etc. 7 *ex.*
96 Ocellata, Taeniata, Interrupta, etc. 14 *ex.*
97 Chrysis, Elegans, Sternicornis, Smaragdula, etc. 8 *ex.*
98 Vittata, Chrysis, Depressa, Scabra, etc. 7 *ex.*
99 Castanea, Scabra, Chrysis, etc. 6 *ex.*
100 Sternicornis, Chrysis, Castanea, et 6 petites.
101 Fascicularis, Sibirica, Variolaris, etc. 8 *ex.*
102 Unicolor, Hirta, Fascicularis, etc. 12 *ex.*
103 Ocellata, Morbillosa, etc. 8 *ex.*
104 Variolaris, Fascicularis, Hirta, etc. 11 *ex.*
105 Vittata, Cariosa, Ignita, etc. 7 *ex.*
106 Gigantea, Punctata, 6 *ex.*
107 Ocellata, Octoguttata, Aurulenta, etc. 18 *ex.*
108 Fascicularis, Hirta, Variolaris, etc. 16 *ex.*
109 Variolaris, Chrysis, Unicolor, etc. 6 *ex.*
110 Sternicornis, Interrupta, Chrysis, etc. 7 *ex.*
111 Ocellata, Unicolor, Bimaculata, Fastuosa, Octoguttata, etc. 11 *ex.*
112 Ocellata, Tristis, Andracae, etc. 10 *ex.*
113 Gigantea, Bimaculata, etc. 8 *ex.*

N°. 114 Ignita, Vittata, Aurata, etc 8 *ex.*
115 Fastuosa, Aurata, Vittata, etc. 6 *ex.*

Genus Cicindela.

116 Sylvatica, Virginica, Quadrilineata, Acqui-
noctialis, etc. 18 *ex.*
117 Sexpunctata, Capensis, Castanea, Violacea,
etc. 17 *ex.*
118 Campestris, Capensis, Sylvatica, etc. 19 *ex.*
119 Hybrida, Campestris, Quadripunctata, etc.
19 *ex.*

Genus Carabus.

120 Sexguttatus, Sulcatus, Maxillosus, etc. 9 *ex.*
121 Scabrosus, Coriaceus, et 6 autres petites.
122 Sycophanta, Splendens, Auratus, Maderae,
8 *ex.*
123 Elongatus, Intricatus, Sulcatus, 6 *ex.*
124 Purpurascens, Tenebrioides, Granulatus, etc.
8 *ex.*
125 Arvensis, Auratus, Sycophanta, etc. 10 *ex.*
126 Fimbriatus, Sexguttatus, Decemguttatus, 6 *ex.*
127 Intricatus, Scabrosus, 5 *ex.*
128 Sexpunctatus, Decemguttatus; PIMELIA Striata,
etc. 7 *ex.*
129 Scabrosus; MANTICORA Maxillosa, et 4 petites.
130 Smaragdulus, Mimas, Flagellatus, Festivus,
Anceus; MELOLONTHA Eremita; TROX Horridus,
et autres espèces, en tout 36 *ex.*
131 Taurus, Nuchicornis, Lemur, etc. 20 *ex.*
132 Coriaceus, Madidus, etc. 9 *ex.*
133 Granulatus, Violaceus, Nitens, et plusieurs
autres espèces, 20 *ex.*

Nᵒ. 134 Differentes Espèces, en tout 40 *ex.*

135 Plusieurs autres Espèces 22 *ex.*

136 Plusieurs autres Espèces 22 *ex.*

Genus Dytiscus.

137 Costalis, Marginalis, Fasciatus, Piceus, Vittatus, etc. 35 *ex.*

138 Marginalis, Striatus, Semistriatus, Latissimus, etc. 21 *ex.*

Genus Staphilinus.

139 Oleus, Maxillosus, Erythropterus, et differ. autres espèces, 20 *ex.*

Genus Meloe.

140 Proscarabaeus, Autumnalis, Majalis, etc. 12 *ex.*

Genus Mylabris, etc.

141 Oculata, Cichorei, Algirica, etc. 20 *ex.*

142 Pustulata, Cichorei, Decempunctata, Lunata; CANTHARIS Gigas, et quelques autres; 19 *ex.*

143 Trifasciata, Lunata, Maculata, Erythrocephala; CANTHARIS Collaris; en tout 20 *ex.*

144 Oculata, Pustulata, Lunata; CEROCOMA Schreberi; et diff. autr. espèces 22 *ex.*

145 Atrata, Oculata; CANTHARIS Vesicatoria; etc. 18 *ex.*

Genus Horia, etc.

146 Maculata, Cephalotes; STAPHYLINES Hirtus, Maxillosus; MYLABRIS Lunata; etc. en tout 19 *ex.*

* 5

Genus Pimelia.

N°. 147 Grossa, Brunnea, etc. 8 *ex.*

148 Unicolor, Muricata, etc. 14 *ex.*

149 Laevigata, Hispida, Aranipes, Maculata, etc. 15 *ex.*

Genus Prionus.

150 Cervicornis, 2 *Ex.*, *très belles.*

151 Cervicornis, *grand. Exempl. Magn.*

152 Armillatus, 2 *pièces*, *M.*

153 Longimanus; *mâle et fem. E. M.*

154 Giganteus, *très grand. M.*

155 Cervicornis, *bel Ex.*

156 Longimanus, *fem.* 2 *Ex.*

157 Longimanus, *mâle et fem.*

158 Armillatus, *E. M.*, Cinamomus.

159 Luzonum, *variété grand Ex.*

160 Ater, 2 *ex.*

161 Cervicornis, Spinifer, etc. 4 *ex.*

162 Nitidus, *Magn.*, Angulatus, 2 *belles ex.*

163 Cinnamomeus, Serraticornis, *bel Ex.*

164 Cylindricus, Cinnamomeus, 4 *ex.*

165 Orientalis, Coriarius, 4 *ex.*

166 Maxillosus, Cylindricus, 5 *ex*

167 Cinereus, Cinnamomeus, Lanuginosus, 4 *ex.*

168 Senegalensis, Heros, Serraticornis, etc. 5 *ex.*

Genus Cerambyx.

169 Armatus, Heros, 4 *ex.*

170 Fasciatus, Striatus, Moschatus, etc. 9 *ex.*

171 Armatus *variété*, Sericeus, Vireus, etc. 5 *ex.*

172 Suturalis, Vittatus, Longipes, Cerdo, etc. 11 *ex.*

Nº. 173 Femoralis, Batus, Suturalis, etc. 6 *exempl.*

174 Rubus, Papulosus, Sulcatus, 5 *ex.*

175 Velutinus, Rubus, etc. 6 *ex.*

176 Nebulosus, Rubus, Latipes, etc. 7 *ex.*

177 Miliaris, Rubus, Velutinus, etc. 6 *ex.*

178 Sulcatus, Cerdo, Rubus, Moschatus, etc. 7 *ex.*

179 Quadrimaculatus, Horridus, Carcharias, Rubus *variété*, etc. 7 *ex.*

180 Festivus, Thoracicus, Fasciatus, Longipes, etc. 10 *ex.*

181 Longicollis, Striatus, Vittatus, Luteus, etc. 9 *ex.*

182 Suturalis, Fasciatus, etc. 7 *ex.*

183 Pustulatus, Rubus *variété*, Carcharias, etc. 7 *ex.*

184 Suturalis, Capra, Striatus, etc. 7 *ex.*

185 Scorpio, Rubus, Longipes, etc. 6 *ex.*

186 Horridus, Trochlearis, Rubus, etc. 6 *ex.*

187 Tribulus, Titillator, etc. 6 *ex.*

188 Scabrator, Rubus, etc. 7 *ex.*

189 Rubus, Maculator, Scabrator, etc. 7 *ex.*

190 Titillator, Marmoratus, etc. 5 *ex.*

191 Nigripes, Maxillosus, Koehlerii, et des autres, en tout 25 *ex.*

192 Stigma, Dimidiatus, Striatus, Bilineatus, etc. 16 *ex.*

193 Daviesii, Funestus, Lateralis, Succinctus, etc. 14 *ex.*

194 Pulverulentus, Quadricornis, Rubus *variété*, etc. 16 *ex.*

195 Quadrimaculatus, Annulatus, Succinctus, Plicatus, Bicolor, etc. 11 *ex.*

196 Lunaris, Scalaris, Spinicornis, Augustatum, etc. 16 *ex.*

No. 197 Canadensis, Molitor, Glycirrhizae, et autres espèces, 24 *exempl.*

198 Stigma, Elegans, Emarginatus, Tigrinus, etc. 12 *ex.*

199 Tigrinus, Surinamensis, etc. 11 *ex.*

200 Morio, Diana, et quelques autres, 22 *ex.*

201 Hastata, Tornator, Glycirrhizae, etc. en tout 25 *ex.*

202 Cardui, Clavipes, Rubra, etc. 25 *ex.*

203 Punctata, Salicis, Scalaris, etc. 22 *ex.*

204 Accentifer, Sexmaculatus, Aedilis, etc. 5 *ex.*

205 Bifasciatus, Crassicornis, Succinctus, Aedilis, etc. 7 *ex.*

206 Canaliculatus, Fasciatus, Pulcher, Tigrinus, etc. 6 *ex.*

207 Fuliginosus, Subocellatus, Caroliniensis, etc. 6 *ex.*

208 Sexmaculatus, Aedilis, Thomae, etc. 9 *ex.*

209 Farinosus, Ornatus, Sulcatus, etc. 7 *ex.*

210 Punctator, Pectoralis, Vittator, Oculator, etc. 5 *ex.*

211 Vittator, Undatus, Capensis, Oculator, etc. 5 *ex.*

212 Subocellatus, Alpinus, Sanguinolentus, Punctatus, etc. 6 *ex.*

213 Gigas, Crucifer, Capensis, etc. 5 *ex.*

214 Succinctus, Pulcher, Sanguinolentus, Titillator, etc. 7 *ex.*

215 Alpinus, Continuus, Titillator, etc. 6 *ex.*

216 Coriarius, Imbricornis, Farinosus, Barbatus, Pulcher, etc. 7 *ex.*

217 Capensis, Trifasciatus *variété*, Aethiops, etc. 4 *ex.*

218 Succintus, Subocellatum, etc. 7 *ex.*

N°. 219 Tristus , Crucifer *variété* , Hottentotus , Continuus , etc. 6 *exempl.*

220 Oculator , Trifasciatus *variété* , et trois autres.

221 Aurata , Rubus , etc. 7 *ex.*

222 Differentes , Espèces , 10 *ex.*

223 Differentes , Espèces , 18 *ex.*

224 Plusieurs Espèces , 50 *ex.*

Genus Callidium; Sagra.

225 CALLIDIUM Rhombifer , Flexuosum , Arietis ,
Decorum , etc. 16 *ex.*

226 Decorum , Quadrifasciata , Detritum , Erythro-
cephalum , etc. 20 *ex.*

227 Rhombifer , Ornatum , Bifasciatum , etc. 24 *ex.*

228 Detritum , Decorum , Sanguinolenta , etc. 22 *ex.*

229 Subspinosa , Bifasciata , Virens , etc. 12 *ex.*

230 Palmatum , Sanguinolenta , etc. 20 *ex.*

231 SAGRA Femorata , Tristis , et 14 CALLIDIUM differ.
Espèces.

232 Splendida , Morosa , et 14 CALL. diff. Espèces.

233 Nigrita , et 12 CALL. diff. Espèces.

234 Purpurea , et 20 CALL. diff. Espèces.

Genus Curculio.

235 Fastuosus , *Insecte aussi beau que rare.*

236 Imperialis , Nobilis.

237 Fastuosus , Novemdecimpunctatus.

238 Regalis , Pollinosus , et 8 autres petites.

239 Imperialis , 2 *ex.* , et 8 autres esp.

240 Imperialis , Nobilis , et 8 autres.

241 Imperialis , Nobilis , et 6 autres.

242 Regalis , et 6 autres.

243 Imperialis , et une variété.

244 Imperialis , et 10 petites.

Nᵒ. 245 Imperialis, et 8 autres.

246 Imperialis, et 12 autres.

247 Sexdecimpunctatus, et quelq. autr. esp.

248 Spectabilis, Marmoratus, Ocellatus, et autr. esp. en tout 20 ex.

249 Apterus, 2 *Ex.*, et 12 autres.

250 Obesus, 2 *Ex.*, et 26 autr. petites.

251 Verrucosus, et 16 petites.

252 Lividus, Lineatus, et quelq. pet. esp. 50 ex.

253 Imperialis, Lineatus, et 30 autres.

254 Capensis, et 18 diff.

255 Globifer 2 *Ex.*, et 4 autr.

256 Palmarum, Albirostris, etc. 11 ex.

257 Apterus, Verrucosus, etc. 7 ex.

258 Verrucosus, Obesus, etc. 10 ex.

259 Clatratus, Apterus, etc. 7 ex.

260 Spengleri, Verrucosus, etc. 12 ex.

261 Spinirostris, Verrucosus, etc. 8 ex.

262 Lysimachiae, Apterus, etc. 8 ex.

263 Ferrugineus, Palmarum, Barbirostris, Scaber.

264 Molossus, et 6 petites.

265 Miliaris, Capensis, Lividus, etc. 9 ex.

266 Spectrum, Variolosus, Cornutus, etc. 11 ex.

267 Schah, Longipes, Barbirostris, 4 ex.

268 Apterus, Palmarum, 3 ex.

269 Spinirostris, Verrucosus, etc. 8 ex.

270 Ferruginea, Palmarum, 5 ex.

271 Heros, Serrirostris, 3 ex.

272 Retusus, Lacteus, Cyanipes, et une espèce rare, en tout 9 ex.

273 Clatratus, Hemiptera, etc. 9 ex.

274 Palmarum, Ferrugineus, 4 ex.

275 Fuliginosus, Capensis, etc. 15 ex.

276 Taurus, Globosus, etc. 7 ex.

Genus Brentis.

Nº. 277 Temminckii, Nasutus, Caudatus, 5 *ex.*
258 Nasutus, Volvulus, Anchorago, 7 *ex.*
279 Suturalis, Anchorago, Volvulus, etc. 12 *ex.*
280 Nasutus, Volvulus, etc. 5 *ex.*

Genus Erotylus, Chrysomela, Cocci-
nella, etc.

281 Gibbosus, Giganteus, Notatus, Vittata, Suturalis, etc. 19 *ex.*
282 Rugosa, Pustulata, Vittata, Latipes, Suturalis, etc. 26 *ex.*
283 Alternans, Suturalis, Gibbosus, Pustulata,
Variegatus, Gigantea, et quelques autres
espèces. 30 *ex.*
284 Quinquepunctatus, Suturalis, Pustulata, Vittata, Punctatissima, Gibbosus, etc. 20 *ex.*
285 Fulgidus, Cyaneus, et 30 autres petites.
286 Cyaneus, Ignitus, Fulgidus, et 25 autres;
Hispa Grossa; et un Cerambyx.
287 Cyaneus, et plusieurs autr. esp. 50 *ex.*
288 Fulgidus, Cyaneus, et quelques petites.
289 Deux Ex. d'une Curculio très rare, et 40
Chrysomela.
290 Differ. Esp. de Chrysom. 40 *ex.*
291 Plusieurs autr. Esp. de Chrysomela et de Coc-
cinella en tout 100 *ex.*

Genus Cassida.

292 Clatrata, Bicornis, Sexpustulata, Discors,
Discoidea, Obsoleta, Reticularis, etc. 25 *ex.*
293 Inaequalis, Truncata, Discoidea, Grossa, Gib-
bosa, Bipustulata, etc. 18 *ex.*

N°. 294 Retiformis, Spinifex, Dorsata, Bipustula ta
Variegata, Discors, Discoidea, Cruentata, et
autres espèces 25 *exempl.*

295 Sinuata, Grossa, Miliaris, Clatrata, Marginata, Discoidea, Discors, etc. 25 *ex.*

296 Reticularis, Bicornis, Discors, Inaequalis, et
quelques petites; en tout, 20 *ex.*

297 Bicornis, Didyma, Iamaicensis, Multipunctata,
Sexpustulata, Marginata, etc. 18 *ex.*

HEMIPTÈRES. HEMIPTERA.

Genus Spectrum, Mantis.

298 Precaria, Diluta, Strigosa, etc. 7 *ex.*

299 Annula, Ovalifolia, 5 *ex.*

300 Pectinicornis, Pustulata, Forcicata, 9 *ex.*

301 Hyalina, Diana, etc. 9 *ex.*

302 Rogatoria, Carolina, etc. 6 *ex.*

303 Truncata, Oratoria, etc. 9 *ex.*

304 Hyalina, Religiosa, Sinuata, etc. 8 *ex.*

305 Diana, Rogatoria, etc 5 *ex.*

306 Cingulata, et des autres 8 *ex.*

307 Oratoria, Precaria, etc. 7 *ex.*

308 Siccifolia, Cancellata, etc. 7 *ex.*

309 Necydaloides, Perspicillaris, etc. 7 *ex.*

310 Siccifolia, Gongylodes, Flabelliformis, etc.
7 *ex.*

311 Necydaloides, Brachyptera, etc. 5 *ex.*

312 Reticulata, Versicolor, Gongylodes, etc. 6 *ex.*

313 Perspicillaris, Necydaloides, Bioculata, etc.
6 *ex.*

314 Gongylodes, Necydaloides, etc. 6 *ex.*

315 Necydaloides, etc. 4 *ex.*

N°. 316 Gigas , Perspicillaris , etc. 5 *exempl.*
317 Iamaicensis, Amuratia, 3 *ex.*
318 Gigas, Simplex, 3 *ex.*
319 Bicornis, Buprestoides, etc. 5 *ex.*
320 Filiformis , etc. 3 *ex.*
321 Heteropoda, Iamaicensis, etc. 4 *ex.*
322 Iamaicencis, Bicornis, Angulata.
323 Gigas , Bioculata, etc. 5 *ex.*
324 Diff. espèces , 5 *ex.*

Genus Gryllus, Locusta, Acheta.

325 Morbillosus , Pupa, etc. 6 *ex.*
326 Citrifolia , Perspicillata , etc. 4 *ex.*
327 Citrifolia , Pupa , etc. 7 *ex.*
328 Guttatus, Centurio, etc. 8 *ex.*
329 Luctuosus , Ocellata, etc. 10 *ex.*
330 Ocellata, Luctuosus, Nympha, etc. 10 *ex.*
331 Squarrosus , Leprosus , Morbillosus , Pupa ,
   10 *ex.*
332 Citrifolia, Centurio, Guttatus, etc. 11 *ex.*
333 Scabiosus , etc. 5 *ex.*
334 Monoceros , Pupa , etc. 6 *ex.*
335 Roscus, Elephas, etc. 5 *ex.*
336 Ocellata , Scabiosus , etc. 5 *ex.*
337 Dux , Pupo , etc. 5 *ex.*
338 Coronata , Nympha , etc. 10 *ex.*
339 Dux , Obscurus, etc. 8 *ex.*
340 Dux , Obscurus , etc. 8 *ex.*
341 Luctuosus, Dux , Obscurus , etc. 6 *ex.*
342 Cristatus, Obscurus, etc. 6 *ex.*
343 Cyaneus , Pupa , etc. 8 *ex.*
344 Sphingiformis , Ranaceus , Luctuosa, etc. 7 *ex.*
345 Cyaneus , Ranaceus , etc. 6 *ex.*
346 Albipes , Nympha, etc. 8 *ex.*

Nº. 347 Crucifer, Ranaceus, etc. 6 *ex.*

348 Crucifer, Pupa, etc. 4 *ex.*

349 Ranaceus, etc. 6 *ex.*

350 Signifera, Ranaceus, etc. 9 *ex.*

351 Carolinus, Flavus, etc. 9 *ex.*

352 Aquilina *variété*, Flavus, etc. 8 *ex.*

353 Flavus, Aquilina, etc. 6 *ex.*

354 Obscurus, Flavus, Aquilina, etc. 7 *ex.*

355 Flavus, Miles, etc. 6 *ex.*

356 Thaclephorus, Miles, Obscurus, Flavus, etc. 7 *ex.*

357 Viridissima, etc. 4 *ex.*

358 Vexillatus, Pulicarius, Variolosus, etc. 8 *ex.*

359 Ocellata, Nympha, etc. 8 *ex.*

360 Pennicornis, Morbillosus, etc. 6 *ex.*

361 Aurantifolia, Nasutus, etc. 6 *ex.*

362 Camillifolia, Acuminata, Oblongifolia, etc. 8 *ex.*

363 Taurus, Variolosus, etc. 6 *ex.*

364 Variolosus, Vexilatus, Pulicarius, etc. 7 *ex.*

365 Siccifolia, Nasutus, etc. 5 *ex.*

366 Virgo, Camillifolia, Nasutus, etc. 6 *ex.*

367 Taurus, Nympha, etc. 6 *ex.*

368 Scutatus, Serratus, etc. 6 *ex.*

369 Cyaneus, etc. 6 *ex.*

370 Camillifolia, Virgo, etc. 8 *ex.*

371 Crenulatus, Viridissima, etc. 4 *ex.*

372 Lanceolata, Falx, etc. 6 *ex.*

373 Viridissima, Nasutus, etc. 5 *ex.*

374 Lanceolata, Verrucivora, etc. 6 *ex.*

375 Verrucivora, Viridissima, Nasutus, etc. 7 *ex.*

376 Subulata, Gryllotalpa, Membranacea, Campestris, Pattersonii, etc. 13 *ex.*

377 Azurea, etc. 5 *ex.*

Nᵒ. 378 Falx, Nasutus, etc. 5 *ex.*

379 Monstrosa, Vorax, Campestris, Achatina, etc. 9 *ex.*

380 Monstrosa, Membranacea, etc. 8 *ex.*

Genus Blattae.

381 Atropos, Siccifolia, Aurantiaca, etc. 16 *ex.*

382 Gigantea, Petiveriana, etc. 12 *ex.*

383 Gigantea, Maderae, Siccifolia, etc. 10 *ex.*

384 Aethiops, Petiveriana, Aurantiaca, Maderae, etc. 16 *ex.*

Genus Cicada.

385 Laternaria, *bel Ex.*, Candelaria, *bel Ex.*, Rubricollis, etc. 14 *ex.*

386 Candelaria, Laternaria, Phosphorea, Rubra, etc. 12 *ex.*

387 Diadema, Punctata, etc. 8 *ex.*

388 Reticulata, etc. 10 *ex.*

389 Diadema, 2 *Ex.*, Poulette, 5 *ex.*

390 Bigara, 2 *Ex.*, Petit coq, 3 *Ex.*, Laverte Lanterne de Coromandel 2 *ex.*

391 Laternaria, *bel Ex.*, et 10 autres Cicad.

392 Diadema, Capensis, Cornifex, et des autres, et tout 23 *ex.*

393 Squamosa, Tettigonia, etc. 7 *ex.*

394 Indica nigra, Livida, etc. 13 *ex.*

395 Coleoptera, Nitida, Scutata, etc. 15 *ex.*

396 Viridaria, Fasciata, etc. 16 *ex.*

397 Villosa, Plebeja, etc. 10 *ex.*

398 Tibicen, Boetica, Incana, etc. 23 *ex.*

399 Villosa, Musca, etc. 16 *ex.*

400 Spumaria, Grossa, etc. 16 *ex.*

401 Capensis, Maculatus, etc. 10 *ex.*

402 Sanguinea, Bimaculata, etc. 9 *ex.*

N°. 403 Viridarius, etc. 12 *ex.*

404 Phalenoides, Discolor, Sanguinea, Aurita, et des autres esp. 26 *ex.*

Genus Nepa.

405 Grandis, Carinata, etc. 12 *ex.*

406 Linearis, Glauca, etc. 13 *ex.*

407 Cinerea, Minutissima, et quelques autres.

408 Cimicoides, Fusca, et des autres.

Genus Cimex.

409 Albo Punctatus, Viridis, Purpureus, Armatus, et diff. autr. espèces, en tout 34 *ex.*

410 Aurantius, Pustulatus, Haemorrhoidalis, etc. 18 *ex.*

411 Maculatus, Peracutus, Cacao, Mutabilis, etc. 30 *ex.*

412 Nigripes, Bidens, etc. 15 *ex.*

413 Araneoides, Catenatus, Virides, Caeruleus, et quelques autres, 34 *ex.*

414 Pharaon, Macai, Fuscus, etc. 22 *ex.*

415 Stollii, Iuniperus, Baccarum, Marginatus, etc. 20 *ex.*

416 Rufidorsus, Cristatus, Aeneus, etc. 17 *ex.*

417 Incarnatus, Ianus, Expolitus, Bipunctatus, etc. 19 *ex.*

418 Dentatus, Prasinus, Acuminatus, etc. 19 *ex.*

419 Rubrica, Maculatus, etc. 19 *ex.*

420 Acajou, Cordiger, et des autres 20 *ex.*

421 Armatus, Latipes, Balteatus, etc. 22 *ex.*

422 Auriger, Succinctus, Hottentot, etc. 18 *ex.*

423 Cyanea, Paganus, et plusieurs autres 40 *ex.*

424 Pharaon, Lineatus, etc. 31 *ex.*

425 Venenosus, Spinosus, Annulatus, etc. 32 *ex.*

Nᵒ. 426 Musciformis, Olivarius, etc. 21 *ex.*

427 Apterus, Valgus, etc. 31 *ex.*

428 Grandis, Spinifer, et des autres, 34 *ex.*

429 Agathes, Punctatus, Violacea, Immaculata, et diff. autr. esp. 49 *ex.*

430 Arlequin, Hyosciami, et autres, 43 *ex.*

431 Rubridorsus, Phyllopus, Fasciatus, etc. 29 *ex.*

432 Balteatus, Bimaculatus, etc. 30 *ex.*

433 Rubromaculatus, Flavus, Membraceus, etc. 28 *ex.*

434 Femoratus, Discolor, Spinifer, etc. 14 *ex.*

435 Villosipes, Autrax, etc. 14 *ex.*

436 Atra, Septemdecem, etc. 16 *ex.*

437 Plusieurs espèces, 40 *ex.*

LÉPIDOPTÈRES. LEPIDOPTERA.

Genus Papilio. *Equites Trojani.*

N°. 1 Priamus.

2 Priamus, Pammon.

3 Polymnestor, Helenus.

4 Priamus, Polydamas.

5 Helena, 2 *exempl.*

6 Priamus, Amphriseus.

7 Priamus, Pammon.

8 Helena, Androgeus, 3 *ex.*

9 Amphimedon, Polymnestor, 3 *ex.*

10 Laomedon, Hypolites, Panthous, 4 *ex.*

11 Panthous, Amphimedon, Hypolites, 3 *ex.*

12 Pompeus, Panthous, 3 *ex.*

13 Remus, 2 *ex.*

14 Gambrisius, Memnon, 4 *ex.*

15 Priamus, Helena, 4 *ex.*

16 Lynceus, Delicaon, Petreus, 8 *ex.*

17 Nestor, Agenor, Amphimedon.

18 Arbates, Plexippus, etc. 9 *ex.*

19 Amphimedon, Lynceus, etc. 6 *ex.*

Nº. 20 Androgues, Nestor, etc. *4 exempl.*
21 Meander, Ascanius, Euristeus, Regulus, etc. 6 *ex.*
22 Achates, Aeneas, Lysander, etc. 6 *ex.*
23 Deiphobus, Demetrius, 3 *ex.*
24 Alcandor, Autumnus, etc. 5 *ex.*
25 Paris, Demetrius, Lysander, Vertumnus.
26 Deiphobus, Polidorus, etc. 4 *ex.*
27 Polidorus, Asterius, Hector, etc. 5 *ex.*
28 Vertumnus, Lysander, Hector, etc. 7 *ex.*
29 Agenor, Panthous, Memnon, 4 *ex.*
30 Gambrisius, Memnon, Protenor, 4 *ex.*
30* Panthous, Tullus, Pammon, Agenor, 6 *ex.*

Genus Papilio. *Equites Achivi et Argonautes.*

31 Sloanus, Cinna, Eumelia, Nauplia, etc. 10 *ex.*
32 Ripheus, Protesilaus.
33 Nisus, Machaon, Selene etc. 11 *ex.*
34 Leilus, Marius, Hesperia, etc. 7 *ex.*
34* Ulysses, Polybete, etc. 8 *ex.*
35 Petreus, Agavus, Eurithea, etc. 8 *ex.*
36 Ripheus, Antiphates.
37 Leilus, Antiphates, Petreus.
38 Antiphates, Demoleon, Leilus.
39 Protesilaus, Aristeus, 3 *ex.*
40 Leilus, Protesilaus.
41 Marcellus, Protesilaus, Leilus, Polycenes.
42 Machaon, Marcellus, Nauplia, 6 *ex.*
43 Podalirius, Agamemnon, Machaon, 4 *ex.*
44 Agamemnon, Podalirius, Machaon, 4 *ex.*
45 Aegystus, Podalirius, 4 *ex.*
46 Eurypilus, Erythonius, 4 *ex.*
47 Alcidamas, Athamas, etc. 4 *ex.*
48 Demoleus, Dolicaon, Athamas, etc. 6 *ex.*

N°. 49 Merope, Dolicaon, etc. 5 *exempl.*

50 Orontes, Cresphontes, 3 *ex.*

51 Thoas, Laërtes, Hippoclus, etc. 6 *ex.*

52 Orontes, Alcidamas, Egista, etc. 5 *ex.*

53 Cresphontes, Egista, Demoleus, 6 *ex.*

54 Palamedes, Laërtes, Egista, 5 *ex.*

55 Thyonneus, Palamedes, Polyxena, 6 *ex.*

56 Varanes, Cadmus, Arcadia, Philoctetes, etc. 7 *ex.*

57 Nisus, Philoctetes, etc. 4 *ex.*

58 Eurialus, Pyrrhus, Arcadia, 5 *ex.*

59 Xuthus, Stelenes, Pyrrhus, Argesilaus, 5 *ex.*

60 Ulysses, 2 *ex.*

61 Drusius, Argesilaus, 3 *ex.*

62 Patroclus, Lunus, 3 *ex.*

63 Polycaon, Patroclus, 4 *ex.*

64 Xuthus, Diomedes, Stelenes, 5 *ex.*

65 Drusius, Menesteus, etc. 5 *ex.*

66 Ulysses, Patroclus, 4 *ex.*

67 Phydippus, Empedocles, Sarpedon, Belus, etc. 6 *ex.*

68 Codrus, Empedocles, Crassus, Phydippus, etc. 6 *ex.*

69 Patroclus, Belus, Codrus, Phydippus, 5 *ex.*

70 Lycidas, Aelius, Jason, etc. 6 *ex.*

71 Nestor, Menelaus, Numitor, 4 *ex.*

72 Piranthus, Castor, Adonis, Lucretius, 6 *ex.*

73 Aristeus, Lucretius, Pelias, etc. 6 *ex.*

74 Rhetenor, Menelaus, 3 *ex.*

75 Idomeneus, Tiridates, Pollux, 4 *ex.*

76 Xiphares, Menelaus, Thyestes, 4 *ex.*

77 Menelaus, Cadmus, Pharidamas, Demophoon, 6 *ex.*

78 Ilioneus, Meander, Demophoon, Andromachus.

Nᵒ. 79 Demophoon, Ilioneus, Perseus.
    80 Helenor, Perseus, Pharidamas, 5 *exempl.*
    81 Hecuba, Metellus, Sysiphus, 4 *ex.*
    82 Eurilochus, Aeneas, Andromachus, 4 *ex.*
    83 Arbates, Eurilochus, etc. 5 *ex.*
    84 Metellus, Telemachus, Arbates, 4 *ex.*
    85 Helenor, Metellus, 3 *ex.*
    86 Teucer, Metellus, 3 *ex.*
    87 Achilles, Hypason, 4 *ex.*
    88 Automedon, Achilles, 4 *ex.*
    89 Metellus, Teucer, 3 *ex.*
    90 Teucer, Automedon, 3 *ex.*
    91 Idomeneus, Automedon, 3 *ex.*
    92 Aurelius, Idomeneus.
    93 Romulus, Severus, Theseus, 5 *ex.*
    94 Polytes, Severus, 4 *ex.*
    95 Polidorus, Polytes, Troilus, 6 *ex.*
    96 Astinous, Sarpedon, Tullus, 6 *ex.*
    97 Hypolitus.
    98 Alphenor, Glaucus, Astinous, 6 *ex.*
    99 Asterius, Arcas, Anchises, 6 *ex.*
   100 Hypolitus, Helenus, 3 *ex.*
   100* Nisus, Polymnia, etc. 9 *ex.*

Genus Papilio. *Danai Festivi.*

   101 Midamus, Genutia, Plexippus, etc. 7 *ex.*
   102 Plexippus, Melaneus, Hermione, Hero, etc.
       10 *ex.*
   103 Niavius, Agrippus, Plexippus, Melaneus, etc.
       11 *ex.*
   104 Melaneus, Agrippus, Niavius, etc. 9 *ex.*
   105 Hegesippus, Melanippus, Cassia, Artenice, etc.
       9 *ex.*
   106 Harmodius, Obrinus, etc. 6 *ex.*

Nº. 107 Daedalus, Pylades, Aucea, Lamia, etc. 7 *exempl.*

108 Icarus, Aeropus, Salome, Lucinda, etc. 9 *ex.*

109 Aeropus, Icarus, Dyndima, Lucinda, etc. 10 *ex.*

110 Lycus, Cassia, Mandana, Palatinus, etc. 9 *ex.*

111 Tytia, Idea, Iairus, etc. 6 *ex.*

112 Marthesia, Iairus, Idea, etc. 4 *ex.*

113 Galanthus, Eubule, Leucothoe, Iairus, etc. 8 *ex.*

114 Core, Herse, Pirata, etc. 13 *ex.*

115 Midamus, Climena, etc. 7 *ex.*

116 Eleusina, Midamus, Mulciber, etc. 9 *ex.*

117 Chrysippus, Inaria, Enceladus, Alcippus, etc. 8 *ex.*

118 Enceladus, Alcippus, Chrysippus, Misippus, Pitilia, etc. 12 *ex.*

119 Diosippus, Eresimus, Berenice, Philene, etc. 9 *ex.*

120 Anaxerete, Xanthus, Quiteria, 7 *ex.*

121 Andromeda, Berecinthia, Xanthus, 7 *ex.*

122 Cesonia, Xanthus, Cardamine, etc. 11 *ex.*

123 Cesonia, Cardamine, Nivea, etc. 14 *ex.*

124 Autonoe, Pammon, etc. 9 *ex.*

125 Valeria, Isse, Porsenna, Hyparete, etc. 10 *ex.*

126 Basilissa, Eurita, Galathea, Nephele, etc. 10 *ex.*

Genus Papilio. *Danai Candidi.*

127 Eubule, Arieye, Danae, 6 *ex.*

128 Marianne, Philea, Iugurtha, Danae, 9 *ex.*

129 Hersilia, Glaucippe, Marcelina, Calypso, 8 *ex.*

130 Trite, Marcelina, Hersilia, Alcmeone, Hippo, etc. 9 *ex.*

131 Hilaria, Hersilia, Alcmeone, Pyrene, Marianne, etc. 9 *ex.*

Nº. 132 Eubule, Glaucippe, Leucippe, Hyparete, Rhamni, 8 *exempl.*

133 Leucippe, Hyparete, Cleopatra, 7 *ex.*

134 Petreus, Aricye, Eupheno, Cipris, Bellona, etc. 9 *ex.*

135 Egiala, Albula, Pyrene, Dorimene, etc. 12 *ex.*

136 Cipris, Catilla, Porsenna, Nice, Agave, etc. 12 *ex.*

137 Leucippe, Eubule, Cipris, etc. 7 *ex.*

138 Statira, Apollo, Cipris, 9 *ex.*

139 Apollo, Piera, Harmonia, Semiapollo, etc. 8 *ex.*

140 Cassiope, Brassicae, Napi, Brassicae *var.* 11 *ex.*

141 Manuste, Rapae, etc. 12 *ex.*

142 Sinapis, Zelmira, Hyale, Paulina, etc. 14 *ex.*

143 Palaeno, Amathonte, Sinapis, Paulina, Euphaeno, etc. 15 *ex.*

144 Drusilla, Evippe, Pyranthes, Philippina, etc. 15 *ex.*

145 Scylla, Pyranthes, Aurora, Molphea, Daplidice, etc. 14 *ex.*

146 Helcyta, Aenippe, Nivea, Paulina, et des autres, 13 *ex.*

147 Europome, Palaeno, Statira, Helcyta, et quelques autres, 17 *ex.*

148 Hyale, Hecabe, Calais, Phicomone, et autres espèces, 20 *ex.*

149 Lycimnia, Pyrrha, Antonoe, etc. 15 *ex.*

150 Creona, Thermopyle, Cononis, Evagete, et une de la Nouv. Holl. etc. 14 *ex.*

151 Sophora, Dardanus, Mandana, Idea, 8 *ex.*

152 Dardanus, Harmodius, Idea, Cupavia, 6 *ex.*

Genus Papilio. *Heliconii.*

153 Mneme, Psidii, Apollo, Piera, etc. 8 *ex.*

154 Polymnia, Euterpe, Psidii, Apollo, etc. 9 *ex.*

N°. 155 Erycinia, Apollo, Isabella, Mneme, 9 *exempl.*

156 Egina, Linus, Apollo, Mnemosyne, etc. 9 *ex.*

157 Dyndimene, Mnemosyne, Egina, Harmonia, Apollo, etc. 10 *ex.*

158 Lena, Egina, Pasithoe, Charitonia, 9 *ex.*

159 Charitonia, Egina, Phlegia, Lena, Ricini, etc. 9 *ex.*

160 Egina, Dyndimena, Rudolphini, Irene, Medea, etc. 10 *ex.*

161 Rhea, Antiocha, Erythrea, Ricine, etc. 11 *ex.*

162 Quirina, Clytea, Hypsipyle, Callysopis, Rosalia, et des autres, 10 *ex.*

163 Horta, Ceres, Juno, Fabius, etc. 11 *ex.*

164 Pasinuntia, Erato, Fabius, Ceres, etc. 7 *ex.*

165 Polymnia, Alcionea, Fabius, Ludovica, Amphione, etc. 9 *ex.*

166 Cybele, Amathusia, Charithonia, Terpsichore, etc. 10 *ex.*

167 Vesta, Roxana, Thales, Cephea, etc. 11 *ex.*

168 Numata, Melpomene, Cephae, Calliope, etc. 10 *ex.*

169 Melpomene, Melite, Melanida, Constantia, et des autres, 13 *ex.*

170 Eurimedea, Leilus, Flora, Lenea, etc. 10 *ex.*

Genus Papilio. *Nymphales Gemmati.*

171 Laërtes, *Drury*, 2 exemplaires magnifiques.

172 Oenone, Juliana, Orythia, Aonis, Feronia, et des autres, 13 *ex.*

173 Juliana, Sabina, Orythia, Aonis, etc. 8 *ex.*

174 Laërtes, *Drury*, 2 *ex.*

175 Orythia, Clelia, Oenone, et des autres, 13 *ex.*

176 Asteria, Tulbaghia, Arsinoe, Oenone, Calisto, etc. 8 *ex.*

Nᵒ. 177 Arsinoe, Calisto, Tulbaghia, Arete, etc 7 *exempl.*

178 Laërtes, *Drury* et deux autres.

179 Erminea, Veronica, Iris, Laomedia, 10 *ex.*

180 Erminea, Iris, Io, Nephele. et des autr. 12 *ex.*

181 Jatrophae, Pipleis, Hyperanthus, etc. 10 *ex.*

182 Pipleis, Iris, Nephele, etc. 7 *ex.*

183 Alcyone, Iris, Galathea, Hermione, Coronis, etc. 13 *ex.*

184 Aetea, Pirata, Dorus, Iris, etc. 12 *ex.*

185 Lavinia, Rosina, Myncea, Ismene, Evarete, et quelques autres, 19 *ex.*

186 Iöle, Ismene, Amelia, Astyanax, etc. 14 *ex.*

187 Leonida, Itys, Ismene, etc. 12 *ex.*

188 Roxelana, Postverta, Doris, Iurtina, Edusa, et des autres, 17 *ex.*

189 Mylitte, Aegeria, Chlores, Maegera, Clytrus, etc. 16 *ex.*

190 Quiteria, Marmeria, etc. 7 *ex.*

190*Semele, et une *variété*, Ianira, etc. 15 *ex.*

Genus Papilio. *Nymphales Phalerati.*

191 Clytemnestra, Isidore, 10 *ex.*

192 Eumea, Iuventa, Dido, Numilia, Cleona, etc. 10 *ex.*

193 Antilope, Pelops, Dido, etc. 8 *ex.*

194 Iuventa, Antilope, Dissimilis, Harpalyce, etc. 8 *ex.*

195 Leucothea, Erosina, Neaerca, Ariadne, Lathona, etc. 16 *ex.*

196 Agatha, Veronica, Cocala, Iphicla, Aglaja, etc. 16 *ex.*

197 Undularis, Protogenia, Basilea, Lathona, etc. 16 *ex.*

198 Venilia, Sybilla, Daphnis, Ilithyia, etc. 16 *ex.*

N°. 199 Erymanthis, Lampetia, Aceste, etc. 18 *exempl.*

200 Heliodora, Astarte, Amphinome, Idalia, Sylvia, etc. 11 *ex.*

201 Idalia, Amphinome, et des autres, 8 *ex.*

202 Sylvia, et une *variété*, Amphinome, etc. 6 *ex.*

203 Alcmena, Cyparissa, Auge, etc. 10 *ex.*

204 Bolina, Lais, Medon, Ephestion, etc. 8 *ex.*

205 Alcithoe, Alcmena, Bolina, etc. 8 *ex.*

206 Lucilla, Auge, Lisianassa, 9 *ex.*

207 Lisianassa, Lucilla, Aventina, 9 *ex.*

208 Eurinome, Assimilis, Melissa, Lotis, Phaetusa, etc. 10 *ex.*

209 Liminiace, Aglea, Milaneus, Melissa, Virgilia, etc. 11 *ex.*

210 Leda, Ismare, Melissa, Phaetusa, etc. 12 *ex.*

211 Aglea, Milaneus, Hesione, Lavinia, etc. 14 *ex.*

212 Coryta, Ismene, Helle, Cassus, Dejanira, etc. 18 *ex.*

213 Hedonia, Ida, Laodice, Astaste, Cissia, etc. 13 *ex.*

214 Iphyta, Cardui, Clarissa, Cassus, Euothrea, et des autres, 18 *ex.*

215 Polybete, Genoveva, Evarete, Ronoe, et quelques autres, 15 *ex.*

216 Antilope, Vitellia, etc. 9 *ex.*

217 Populi, Polychloros, Carinata, C. Album, C. Aureum, etc. 13 *ex.*

218 Octavia, Amabilis, Antiopa, Populi, etc. 10 *ex.*

219 Antiopa, C. Album, Polynice, Polychloros, 10 *ex.*

220 C. Album, Charonia, Laodice, C. Aureum, Egea, etc. 12 *ex.*

221 Paphia, Argynnis, Phalanta, Niphe, 14 *ex.*

222 Niphe, Paphia, Egista, Aglaja.

N°. 223 Vanilla, Aglaja, Lucina, Hegesia, etc. 15 *exempl.*

224 Hegesia, Dirce, Aconthea, Polyxena, et une espèce de la Nouv. Holl. etc. 13 *ex.*

225 Ino, Polyxena, Althea, etc. 8 *ex.*

226 Messalina, Ino, Penthezilea, Egeria, Odilia, etc. 10 *ex.*

227 Chione, Eupalemon, Rumina, Polyxena, et des autres, 14 *ex.*

228 Eupalemon, Biblis, Velleda, Similis, etc. 9 *ex.*

229 Charonia, Athalante, Terea, Hyperia, Cinxia, Euphrosine, 14 *ex.*

230 Adippe, Maja, Levana, Prorsa, Steropes, Delia, et quelques autres, 18 *ex.*

231 Velleda, Porphyria, Alcmena, etc. 8 *ex.*

232 Manilia, Omphale, Eryphile, Asteria, etc. 8 *ex.*

233 Iphigenia, Melite, Antigone, Manilla, Beroe, etc. 10 *ex.*

234 Antigone, Tigrina, Alcmena, 8 *ex.*

235 Genutia, Midamus, Dorus, Briseus, Nephele, etc. 12 *ex.*

236 Hermione, Satyrus, Hippoclus, Galathea, etc. 13 *ex.*

237 Galathea, Midamus, Hermione, Silene, etc. 9 *ex.*

Genus Papilio. *Plebeji Rurales.*

238 Marsias, Syncelles, Pelops, Busirus, et quelques autres, 28 *ex.*

239 Atys, Cyllarus, Polybetes, Lisias, Philocles, et autr. espèces. 28 *ex.*

240 Endymion, Sicheus, Aemon, Cerinenta, et autres, 28 *ex.*

241 Melander, Mantus, Liriope, Lagus, Cocytae, et plusieurs autres espèces, en tout 40 *ex.*

N°. 242 Cupido, Caricae, Athemon, Menalcas, Pelops, Lamis, et des autres, 30 *exempl.*

243 Vesulus, Aulestes, Rhetus, Periander, Melegris, etc. 20 *ex.*

244 Betulae, Pruni, Quercus, Rubi, Virgaureae, etc. 26 *ex.*

245 Argiolus, Argus, Betulae, Hippothoe, Virgaureae, et des autr. 32 *ex.*

246 Phaecas, Phleas, Labdaeus, Polita, Atymnus, et quelques autres, 30 *ex.*

247 Arion, Virgaureae, Cyllarus, Coridon, etc. 26 *ex.*

248 Cinyra, Belise, Regalis, Theamus, Imperialis, Apidanus, etc. 19 *ex.*

249 Aetolus, Gabrilla, Imperialis, Aura, Theanus, Silenus, et quelques autres, 28 *ex.*

250 Euriteus, Flegyas, Epaphus, Crispus, Formosus, et des autres, en tout 35 *ex.*

Genus Papilio. *Plebeji Urbicolae.*

251 Catillus, Orion, Iovianus, Cedon, Neleus, Cerealis, etc. 19 *ex.*

252 Asichus, Thasus, Acastus, Vitreus, Trixus, 20 *ex.*

253 Exadeus, Idas, Erythrus, Pyramis, Brino, Morpheus, Phocus, etc. 16 *ex.*

254 Augias, Busirus, Comma, Phidias, Malva, Orcus, Protumnus, et des autres, 36 *ex.*

255 Enmeus, Penelea, Actorion, etc. 9 *ex.*

256 Fulgurator, Aulestes, Bixa, Ladon, Ethelius, Assaricus, Sinon, etc. 20 *ex.*

257 Vulcanus, Pygmalion, Ramisis, etc. 15 *ex.*

258 Crinisus, Iapetus, Vulcanus, Taleus, Hylaspes, etc. 22 *ex.*

Genus Sphynx.

259 Ficus, Rustica, 5 *ex.*

N°. 260 Hydaspus , Ficus , 5 *exempl.*

261 Rustica , Triptolemus, Ocellata , Tersa , etc. 8 *ex.*

262 Pandion , Labruscae , Tersa , 6 *ex.*

263 Cluentius, Achmenides, Triptolemus, etc. 7 *ex.*

264 Populi , Ligustri , Pinastri , Ocellata , etc. 8 *ex.*

265 Atropos, Nerii , Aenotherae , 8 *ex.*

266 Dentatus, Atropos, Populi , 8 *ex.*

267 Phalaris, Atropos , Capensis, 6 *ex.*

268 Nerii , Achemon, Apulus , Atropos , Capensis , etc. 9 *ex.*

269 Atropos, Mantissa , Nerii, Convolvuli , 7 *ex.*

270 Quercus, Atropos, Mantissa, Carolina , Virginiana, 7 *ex.*

271 Aegara , Atropos , Quercus, Euphorbiae , 6 *ex.*

272 Alecto , Chiron , Atropos , Convolvuli, etc. 7 *ex.*

273 Ello , Galii , Convolvuli , Danum , 8 *ex.*

274 Sciron , Euphorbiae , Convolvuli *de Maryland,* Elpenor, 8 *ex.*

275 Hasdrubal , Cacus, Tilea, etc. 6 *ex.*

276 Lucretius , Cacus , Acteus , Chiron , Menephron, 6 *ex.*

277 Hannibal , Ficus , Pamphilius , Anceus , 7 *ex.*

278 Ello , Fadus , Bubastus , 9 *ex.*

279 Medor , Faro , Morpheus , Belis , Fuciformis , etc. 8 *ex.*

280 Alope , Archemenides, Passalis , Fegeus , Fuciformis , Ceculus, etc. 11 *ex.*

281 Celerio , Anchemolus , Daucus , Stellatarum , etc. 9 *ex.*

282 Camertus, Medor , Licaon , Stellatarum , etc. 8 *ex.*

Nᵒ. 283 Anchemolus, Opheltes, Lycetus, Vitis, etc.
7 *exempl.*
284 Vitis, Caicus, Celerio, Theylia, etc. 11 *ex.*

Genus Sphinx. *Adscitae.*

285 Coarctata, Leucaspis, Apiformis, Nemausina,
Ephialtes, Culiciformis, etc. 18 *ex.*
286 Polymena, Statices, Phegea, Coarctata, Apiformis, Culiciformis, et des autres, 21 *ex.*
287 Coras, Picus, Sperchius, Tipuliformis, Caffra,
et quelques autres, 22 *ex.*
288 Inaurata, Carneolica, Fausta, Pythia, Creüsa,
et des autres, 25 *ex.*
289 Lichas, Cerbera, Atereus, Pythia, etc. 20 *ex.*
290 Filipendulae, Vespiformis, Bombiliformis, et
quelques autres de Suriname, 24 *ex.*
291 Bromus, Cassandra, et des autres de l'Amérique, 22 *ex.*

Genus Phalaena. *Attaci.*

292 Hesperus.
293 Aurota, 2 *ex.*
294 Hesperus, Luna.
295 Luna, Paphia.
296 Atlas.
297 Hesperus, 3 *ex.*
298 Paphia, Aurota.
299 Alcinoe, Luna.
300 Hesperus, Paphia.
301 Paphia, Luna.
302 Luna, Apollonia, Liris, 5 *ex.*
303 Luna, Caffaria.
304 Paphia, Luna.

N°. 3o5 Capensis , Salmonea , Calolhas , 5 *exempl.*
306 Atlas , Iö, 4 *ex.*
307 Capensis , Abas , Carpini , 5 *ex.*
3o8 Cynthia , Abasia , Jucunda , 5 *ex.*
3o9 Atlas , Iö , 3 *ex.*
31o Macrops , Capensis , 3 *ex.*
311 Jucunda , Cynthia , Capensis , 5 *ex.*
312 Imperialis , *Drury* , Pyri , Spini , 4 *ex.*
313 Macrops , Irene , Nauzica , Pyri.
314 Capensis , Lyberia , Carpini , 5 *ex.*
315 Atlas , Promothea , 3 *ex.*
316 Liberia , Macrops , Irene , 4 *ex.*
317 Metea , Polyphemus , Liberia , 4 *ex.*
318 Cecropia , Armida , Capensis.
319 Atlas , Armida , 3 *ex.*
32o Polyphemus , Cecropia , Armida , 5 *ex.*
321 Nauzica , Atlas , Armida.
322 Tarquinius , Paphia , Tau , Cecropia , 6 *ex.*
323 Promothea , Polyphemus , Polybia , 4 *ex.*
324 Tarquinia , Tau , 5 *ex.*
325 Tyrrhea , Tarquinius , Polybia , 4 *ex.*
326 Speciosa , Cyane , Aglaura , 6 *ex.*
327 Crepuscularis , Numana , Bicolora , 5 *ex.*
328 Mycerina , Tricolora , Orithea , Herilia , 6 *ex.*
329 Bicolora , Orithea , Crepuscularis , Alitta , 6 *ex.*
33o Celadon , Crepuscularis , Corisandra , Militaris,
     5 *ex.*
331 Catilina , Helcita , Herilia , 6 *ex.*
332 Occidua , Pini , Quercifolia , etc. 8 *ex.*
333 Occidua , Quercifolia , Fluctuosa , Retorta,
     7 *ex.*
334 Pini , Occidua , Quercifolia , 8 *ex.*
335 Occidua , Pini , Quercifolia , 8 *ex.*
336 Cassandra , Boreas.

N°. 337 Hippodamia, Conspicillator, Quercus, 6 *exempl.*
338 Armida, 2 *ex.*
339 Cassandra, Odora, Quercus, 4 *ex.*
340 Semiramis, Cassandra, 5 *ex.*

Genus Phalaena. *Bombyces.*

341 Quercifolia, Latona, Agarista, 6 *ex.*
342 Pithyocampa, Quercus, Occidua, 9 *ex.*
343 Boreas, Quercus, Dumeti, 8 *ex.*
344 Pruni, Ilicifolia, Conspicillator, Potatoria, 9 *ex.*
345 Quercus, Armida, Dumeti, 6 *ex.*
346 Montana, Argus, Odora, etc. 10 *ex.*
347 Odora, Orsilochus, Atra, etc. 12 *ex.*
348 Versicoloria, Odora, et des autres, 9 *ex.*
349 Somniculosa, Dumeti, Versicoloria, Agis, et quelques autres, 12 *ex.*
350 Luctifera, Somniculosa, Bucephala, Versicoloria, et des autres, 17 *ex.*
351 Rivulosa, Cynira, Cossus, Hircia, etc. 16 *ex.*
352 Riphea, Lucilla, Obsoleta, Claudia, etc. 14 *ex.*
353 Petosiris, Rivulosa, Eumedide, etc. 11 *ex.*
354 Matronula, Trepida, Hebe, Canitia, Gonostigma, et quelques autres, 24 *ex.*
355 Purpurea, Trepida, Caja, Hebe, Crataegi, et des autres, 30 *ex.*
356 Dominia, Hebe, Curtula, Monacha, etc. 16 *ex.*
357 Villica, Dominia, Hebe, Amasis, Curtula, Coeruleocephala, etc. 14 *ex.*
358 Agresta, Amanda, Lanuginosa, Flava, etc. 16 *ex.*
359 Lactinea, Villica, Monacha, Adjutrix, Anastomosis, etc. 16 *ex.*
360 Monacha, Salicis, Amynta, etc. 15 *ex.*

Nᵒ. 361 Cribrum, Monacha, Amynta, Russula, etc.
17 *exempl.*

362 Caja, Lanestris, Lubricipeda, Palpina, etc.
16 *ex.*

363 Sannio, Begga, Russula, Libatrix, etc. 18 *ex.*

364 Acrea, Amynta, Lubricipeda, Caja, etc. 15 *ex.*

365 Fasciata, Sannio, Albomaculata, Tortipes,
etc. 16 *ex.*

366 Molina, Lanestris, Catax, Hirta, Castrensis.

367 Laocoön, Cedica, Aulica, etc. 16 *ex.*

368 Lunata, Molina, Pudibunda, Fascelina, Myr-
tilli, et des autres, 30 *ex.*

369 Caffraria, Camelina, Fagi, Trapezina, Pudibunda, et quelques autres, 40 *ex.*

370 Hermia, Barbara, Dromedarius, Helops, Gy-
ges, Aurora, Fagi, etc. 22 *ex.*

371 Alciphron, Lectrix, Helops, Syringa, Rho-
dope, etc. 15 *ex.*

372 Micilia, Melanthus, Ornatrix, Lotrix, et des
autres, 30 *ex.*

373 Tiresia, Alciphron, Quadra, Bella, etc. 26 *ex.*

Genus Phalaena. *Noctuae.*

374 Fluctuosa, Scolopacina, Militaris, Corisandra.

375 Sybaris, Nyseus, Tybris, Dominica, Aesculi,
etc. 21 *ex.*

376 Ornatrix, Bella, Perithea, Quadra, et des
autres, 25 *ex.*

377 Stryx, Or, Dromedarius, Radicea, etc. 20 *ex.*

378 Niceta, Fenestra, Mineus, Hera, Radicea,
Rumicis, etc. 24 *ex.*

379 Hieroglyphica, Rumicis, Hera, Aesculi, etc.
25 *ex.*

380 Stryx, Dolon, Flavago, Citrago, etc. 16 *ex.*

N°. 381 Amilia, Citrago, Macarea, Flavago, Glyphica, etc. 24 *exempl.*

382 Macarea, Hylea, Argentea, Cresus, Nutrix, Narcissus, etc. 19 *ex.*

383 Manlia, Thiraca, Protea, Aemula, Meticulosa, etc. 16 *ex.*

384 Fraxini, Agatina, Epione, Pacta, etc. 16 *ex.*

385 Lingeus, Dimas, Lingea, Focula, Humuli, etc. 22 *ex.*

386 Iuventina, Porphyrea, Humuli, Chrysitis, Batis, Gamma, et des autres, 18 *ex.*

387 Tirrhaca, Dyndima, Maura, Orasia, etc. 22 *ex.*

388 Fraxini, Nupta, Atriplicis, Conjuncta, etc. 14 *ex.*

389 Sponsa, Ilia, Italus, Typica, etc. 20 *ex.*

390 Ioviana, Agatina, Deolis, Interrupta, Gamma, 28 *ex.*

391 Tigrina, Melicerta, Ludifica, Amphix, etc. 20 *ex.*

392 Hermonia, Cunigunda, Arge, Psi, etc. 16 *ex.*

393 Zenobia, Pectinata, Zatima, Leporina, etc. 26 *ex.*

394 Zatima, Mygdonia, Androgena, Leporina, Mi, etc. 26 *ex.*

395 Agrippina, Psi, Polyodon, etc. 15 *ex.*

396 Aprilina, Agrippina, Phyllira, etc. 22 *ex.*

397 Cajeta, Figurata, Plecta, Oxyacantha, etc. 22 *ex.*

398 Ancilla, Ludifica, Aesculi, Mezentia, Grynea, etc. 20 *ex.*

399 Figurata, Or, Cajeta, etc. 17 *ex.*

400 Maturna, Hypermnestra, Cocalus, Aprilina, etc. 15 *ex.*

Nº. 401 Polytima, Materna, Figurata, etc. 18 *exempl.*

402 Pomona, Figurata, Polytima, etc. 20 *ex.*

403 Salaminia, Collusoria, Fimbria, Paranympha, etc. 22 *ex.*

404 Procus, Paranympha, Collusoria, Fimbria, etc. 18 *ex.*

405 Collusoria, Fimbria, Nymphagoga, Pronuba, etc. 20 *ex.*

406 Or, Pisi, Pronuba, etc. 22 *ex.*

407 Pyramidea, Verbasci, Exoleta, Satellitia, Nun, Dictea, etc. 25 *ex.*

408 Nesea, Maura, Tragopogonis, Pyramidea, etc. 22 *ex.*

409 Mummia, Nesea, Exoleta, Tremula, etc. 24 *ex.*

410 Marthesia, Exoleta, Lactucina, Umbratica, etc. 20 *ex.*

411 Ocellata, Prunaria, et quelques autres, 30 *ex.*

Genus Phalaena. *Geometrae.*

412 Falcataria, Flavaria. Pennaria, Pusaria, etc. 22 *ex.*

413 Elinguaria, Sambucaria, Betularia, etc. 20 *ex.*

414 Fasciata, Lacertinaria, Area, Piniaria, etc. 24 *ex.*

415 Marginata, Pueritia, etc. 26 *ex.*

416 Amanda, Evergista, Fluctuata, Tyris, et des autres, 30 *ex.*

417 Tripunctata, Acron, Russula, et quelques autres, 22 *ex.*

418 Grossulariata, Consortaria, Fluctuata, etc. 22 *ex.*

419 Prunaria, Mori, Aestivaria, et autres, 28 *ex.*

420 Caranea, Prunata, Pandrosa, Notataria, etc. 22 *ex.*

7.

Nᵒ. 421 Fimbriata, Syringaria, Firmiana, Erycata, etc. 25 *exempl.*

422 Amataria, Erosaria, Striataria, Lunaria, et autres, 25 *ex.*

423 Marginalis, Brumata, Nivaria et quelques autres espèces, 40 *ex.*

424 Splendidalis, Polita, Nitidalis, etc. 26 *ex.*

425 Chenopodiata, Consobrinaria, et autres, 28 *ex.*

426 Lichenaria, et quelques autres, 26 *ex.*

427 Vulperaria, Rosalia, Ernestina, et autres, 32 *ex.*

428 Aversata, Lichenaria, Dolabraria, et autres, 40 *ex.*

429 Eleonora, Panthoma, Consortaria, etc. 24 *ex.*

430 Bicolora, Undulata, Wanaria, Lichenaria, etc. 32 *ex.*

431 Amata, Arnica, Osiris, Flaveolata, etc. 30 ex.

432 Dolabraria, Eusebia, Lemnalis, et quelques autres, 40 *ex.*

Genus Phalaena. *Pyralides, Tortrices, Tineae.*

433 Plusieurs espèces belles indigènes et exotiques, en tout 50 *ex.*

434 Plusieurs espèces exotiques 50 *ex.*

435 Plusieurs espèces très belles 50 *ex.*

436 Plusieurs espèces 50 *ex.*

437 Plusieurs espèces 50 *ex.*

437*Une Caisse vitrée, en manière de Tableau, avec différentes belles espèces de Papillons exotiques, en tout 30 *ex.*

437**Une Caisse vitrée, en manière de Tableau, avec plusieurs belles espèces de Coleoptères, en tout plus que 80 *ex.*

NEUROPTÈRES. NEUROPTERA.

Nᵒ. 438 Libellula Callida, Nobilata, et quelques autres,
12 *exempl.*

439 Capensis, Chinensis, et des autres , 13 *ex.*

440 Longicornis, Sabina, Ascalaphus Variegatus,
etc. 10 *ex.*

441 Paulina , Marcia , Varigata , etc. 11 *ex.*

442 Sophronia, Carolina, Lucia, Uniculata, etc.
14 *ex.*

443 Agrion Filiformis, Libelloides, Virgo, etc. 12 *ex.*

444 Americana, Libelloides, Virgo, etc. 10 *ex.*

445 Turcia, Virgo, Gamma, Puella, etc. 12 *ex.*

446 Dimidiata , Americana, et autres, 14 *ex.*

447 Phryganea, Ephemera, et quelques autres
Neuroptères, en tout 60 *ex.*

448 Hemerobius, Panorpa, et autres, 56 *ex.*

449 Panorpa Maculata, Agrion Maculata, Unicolor, etc. 8 *ex.*

450 Panorpa Coa, 2 *belles Exempl.*, Myrmelion
Libelloides, etc. 8 *ex.*

451 Myrmelion Libelloides, Formica Lynx, et
des autres, 11 *ex.*

452 Myrmelion Libelloides *variété*, Longicornis,
Servilia, etc. 9 *ex.*

453 Morio, Dimidiata, Marginata, Pulchella, etc.
11 *ex.*

454 Violacea, Fasciata, Unifasciata, Berenice, etc.
13 *ex.*

455 Lydia, Tullia, Porcia, Eleonora, etc. 10 *ex.*

456 Berenice, et des autres rares, 9 *ex.*

457 Aenea, Vulgata, et des autres espèces, 13 *ex.*

458 Vulgatissima, et autres espèces, 9 *ex.*

459 Communis, etc. 8 *ex.*

* 7

HYMÉNOPTÈRES. HYMENOPTERA.

N°. 460 Vespa Crabro, Muraria, Coarctata, et autres
Hyménoptères, 90 *exempl.*

461 Apis Mexicana, Brasiliana, et autres, 34 *ex.*

462 Dentata, Violacea, Hirsipes, et plusieurs autres, 59 *ex.*

463 Barbara, Bimaculata, Latipes, et autres, 35 *ex.*

464 Acervorum, Protorum, Mellifica, Hortorum, et
plusieurs autres Hyménoptères, en tout, 78 *ex.*

465 Vespa Cruciata, et autres espèces de Suriname,
34 *ex.*

466 Sphex Grandis, et de belles autres espèces,
14 *ex.*

467 Coerulea *belle espèce*, Fusca, et plusieurs
autres, 60 *ex.*

468 Formica, plusieurs belles espèces, et autres
Hyménoptères.

469 Plusieurs belles espèces d'Hyménoptères, 94 *ex.*

470 Plusieurs belles espèces d'Hyménoptères, 58 *ex.*

471 Plusieurs belles especes d'Hyménoptères, 60 *ex.*

472 De belles espèces, 56 *ex.*

473 Quelques belles espèces, 56 *ex.*

474 Quelques belles espèces, 66 *ex.*

475 Quelques belles espèces, 56 *ex.*

476 Plusieurs belles espèces, 66 *ex.*

477 Plusieurs belles espèces, 40 *ex.*

478 Plusieurs belles espèces, 76 *ex.*

479 De belles espèces, 56 *ex.*

DIPTÈRES. DIPTERA.

480 Mutilla, Oestrus, et autres belles Hyménoptères et Diptères.

Nᵒ. 481 Tabanus, Culex, et plusieurs espèces de Diptères, 110 *exempl.*

482 De belles espèces d'Asilus et autres Diptères, 69 *ex.*

483 De belles espèces de Musca et autres, 75 *ex.*

484 Plusieurs espèces de Diptères 85 *ex.*

485 Quelques espèces de Tipula et autres, 40 *ex.*

APTÈRES. APTERA.

486 Aranea Avicularia, Tarantula minor, Cancrifer, et quelques autres, 22 *ex.*

487 Maxima, Tarantula laudata, Variegata, etc. 14 *ex.*

488 Tarantula major, Grande Araignée à pinces épineuses, *très belle*, et quelques autres Aranea, 16 *ex.*

489 Cancelles Araneoides, *exempl. très belle*, Aranea Cornuta, et autres rares, 14 *ex.*

490 Aranea Spinosa, Tetracanta, et autres belles exempl. 14 *ex.*

491 Quelques espèces de Scorpions, etc. 9 *ex.*

492 Quelques espèces de Scorpions, etc. 10 *ex.*

493 Plusieurs espèces de Scorpions et Millepedes, 24 *ex.*

494 Plusieurs espèces de Scorpions et Millepedes, 6 *ex.*

495 Plusieurs espèces de Scorpions et Millepedes, 14 *ex.*

496 Quelques espèces de Millepedes et Scorpions, 11 *ex.*

497 Quelques espèces de Millepedes et Scorpions, 22 *ex.*

498 Cancri Cordatus, Nucleus, Granniolarus, 6 *ex.*

N.º 499 Pelagicus, 3 *exempl.*
500 Pelagicus, 6 *ex.*
501 Deprestus, etc. 7 *ex.*
502 Granulatus, etc. 2 *ex.*
503 Quelques diff. Espèces.
504 Muricatus, etc. 6 *ex.*
505 Maja, et des autres, 5 *ex.*
506 Longimanus, etc. 3 *ex.*
507 Calappa, Bernhardus, et autres, 7 *ex.*
508 Latro, et quelques autres, et une Baliste, en
      tout 8 *ex.*
509 Gamarus, *très grand.*
510 diff. espèces de Cancri, 5 *ex.*
511 Homarus, 2 *ex.*
512 Homarus, 2 *ex.*
513 Quelques espèces, 10 *ex.*
514 Arectus, etc. 4 *ex.*
515 Mantis et autres, 9 *ex.*
516 Diff. espèces de Cancri *Fossiles.*
517 Syngnathus Hippocampus, 5 *ex.*
518 Holothuria Phantapus, 2 *ex.*

MOLLUSCA.

Genus Asterias.

N°. 1 3 Asterias Rubens.
   2 2 Asterias Rubens.
   3 2 Asterias Muricata.
   4 6 Asterias Varia.
   5 {2 Asterias Squamosus.
     {2 Asterias Pilosa.
   6 1 Asterias Multiradiata.
   7 1 Asterias Cap. Medusae.
   8 1 Asterias Cap. Medusae.
   9 2 Asterias Cap. Medusae.

Genus Echinus.

10 4 Echinus Esculentus.
11 9 Echinus Esculentus.
12 4 Echinus Globulus.
13 6 Echinus Sparoides.
14 5 Echinus Sparoides.
15 4 Echinus Sparoides.
16 2 Echinus Saxatilis.
17 3 Echinus Muricata.
18 4 Echinus Cidaris.

No. 19   1   Echinus Mammilaris.
    20   1   Echinus Mammilaris.
    21   2   Echinus Mammilaris.
    22   3   Echinus Mammilaris.
    23   4   Echinus Mammilaris Varia.
    24   4   Echinus Lucuntor.
    25   7   Echinus Lucuntor.
    26   9   Echinus Lucuntor.
    27   2   Echinus Astratus.
    28   2   Echinus Spatagus.
    29   3   Echinus Spatagus.
    30   6   Echinus Spatagus e Lacunosus.
    31   { 1   Echinus Reticulatus.
          { 2   Echinus Globulusa.
    32   { 2   Echinus Placenta.
          { 5   Echinus Orbiculus.
    33   5   Echinus Orbiculus.

TESTATACEA.

MULTIVALVIA ET BIVALVIA.

Genus Chiton.

		Tom.	Tab.	Fig.
	3 Chiton Aculeatus.	X.	173.	1692.
	3 Chiton Squamosus.	»	173.	1689,1690.
N°. 34	2 Chiton Ruber.	VIII.	86.	812.
	2 Chiton Glabra.			

Genus Lepas.

		Tom.	Tab.	Fig.
35	4 Lepas Tintinnabulum.	VIII.	97.	828–831.
36	2 Lepas Testudinaria.	»	99.	847,848.
	4 Lepas Spinosa.	»	98,99.	840,841.
	2 Lepas Mitella.	»	100.	849,850.
37	1 Lepas Anserifera.	»		896.
	1 Lepas Anatifera.	»		853–855.

Genus Pholas.

		Tom.	Tab.	Fig.
38	1 Pholas Dactylus.	VIII.	101.	859.
	1 Pholas Costatus.	»	101.	863.
39	1 Pholas Costatus.	»	101.	863.
40	1 Pholas Pusillus.	»	102.	867–871.
	1 Pholas Crispatus.	»	102.	860.

Genus Mya.

			Tom.	Tab.	Fig.
Nº. 41	1	Mya Truncata.	VI.	1.	1, 2.
	1	Mya Arenaria.	»	1.	3, 4.
42	5	Mya Pictorum.	»	1.	6.
	1	Mya Margaratifera.	»	1.	5.
43	2	Mya Margaratifera.	»	1.	5.
44	1	Mya Margaratifera.	»	1.	5.
	2	Mya Volsella.	»	2.	10, 11.
45	2	Mya Varigata.			
46	3	Mya Aurita.			

Genus Solen.

			Tom.	Tab.	Fig.
47	4	Solen Vagina.	VI.	4.	26-28.
48	7	Solen Vagina.	»	4.	26-23.
49	2	Solen Siliqua.	»	4.	29.
	1	Solen Ensis.	»	4.	30.
50	1	Solen Legumen.	»	5.	32, 33.
	2	Solen Cultellus.	»	5.	36, 37.
	3	Solen Radiatus.	»	5.	38-40.
51	3	Solen Strigilatus.	»	6.	41-43.
	2	Solen Varia.			
52	3	Solen Anatinus.	»	6.	46-48.
53	3	Solen Diphos.	»	7.	53, 54.
	1	Solen Maximus.	»	5.	35.

Genus Tellina.

			Tom.	Tab.	Fig.
54	1	Tellina Gargadia.	VI.	8.	63, 64.
	4	Tellina Lingua Felis.	»	8.	65.
55	9	Tellina Virgata.	»	8.	66-72.
56	3	Tellina Virgata singularis varietas.	»	8.	73.
57	5	Tellina Gari.	»	10.	92-94.

			Tom.	Tab.	Fig.
N°. 58	9	Tellina Anomal.	VI.	9.	79-82.
59	7	Tellina Anomal.	»	9.	79-82.
60	2	Tellina Foliacea.	»	10.	95.
61	2	Tellina Laevigata.	»	12.	111.
	5	Tellina Varia.			
62	6	Tellina Radiata.	»	11.	102.
63	7	Tellina Radiata.	»	11.	102.
	3	Tellina *Rariss.*			
64	5	Tellina Rostrata.	»	11.	105.
65	2	Tellina Rostrata.	»	11.	105.
	2	Tellina Rostrata Flavum.			
66	2	Tellina Incarnata et			
	14	varia.			
67	2	Tellina Spengleri.	»	10.	88-90.
68	2	Tellina Operculata.	»	11.	97.
	3	Tellina Varia.			
69	3	Tellina Remis.	»	12.	112, 113.
	1	Tellina Scobinata.	»	13.	122, 123.
	2	Tellina Varia.			

Genus Cardium.

			Tom.	Tab.	Fig.
70	1	Cardium Costatum.	VI.	15.	137.
71	1	Cardium Costatum.	»	15.	137.
	3	Cardium Varia.			
72	5	Cardium Cardissa.	»	14.	143-146.
73	7	Cardium Cardissa.	»	14.	143-147.
74	4	Cardium Roseum.	»	14.	147-148.
	1	Cardium Retusum.	»	14.	139-142.
75	5	Cardium Hemicardium	»	16.	159-161.
76	2	Cardium Medium.	»	16.	162-164.
	2	Cardium Medium.	»	16.	165.
	2	Cardium Aculeatum.	»	15.	155-157.

			Tom.	Tab.	Fig.
	1	Cardium Echinatum.	VI.	15.	158.
Nº. 77	2	Cardium Tubercula-tum.	»	17.	173.
78	2	Cardium Tubercula-tum.	»	17.	173.
79	3	Cardium Isocardia.			
80	6	Cardium Fragum.	»	16.	168, 169.
	2	Cardium Unedo.			
81	2	Cardium Laevigatum.			
	3	Cardium Flavum.			
82	2	Cardium Serratum.	»	18.	185, 186.
	2	Cardium Lucostatum.	»	17.	179.
83	2	Cardium Lucostatum.	»	17.	179.
	2	Cardium Varia.			
84	3	Cardium Edule.	»	19.	194.
	2	Cardium Virgineum.	»	18.	181.
	3	Cardium Papyraceum.	»	18.	184.
85	1	Cardium Aeolicum.	»	18.	187, 188.

Genus Mactra.

			Tom.	Tab.	Fig.
86	2	Mactra Spengleri.	VI.	20.	199-201.
87	2	Mactra Plicataria.	»	20.	202-204.
	1	Mactra Stultorum.	»	23.	224-227.
88	3	Mactra Violacea.	»	22.	213, 214.
	1	Mactra Lactea.	»	22.	220.

Genus Donax.

			Tom.	Tab.	Fig.
89	3	Donax Scortum.	VI.	25.	242-247.
	16	Donax Denticulata.	»	26.	256, 257.
90	14	Donax Cuneata.	»	26.	260-267.
	2	Donax Scripta.	»	26.	261-266.

Genus Venus.

N°.				Tom.	Tab.	Fig.
91	2	Venus Dione.		VI.	27.	271-273.
92	2	Venus Dione.		»	27.	271-273.
93	3	Venus Dione.		»	27.	271-273.
94	{ 2	Venus Paphia.		»	27.	274-277.
	{ 4	Venus Marica.		»	27.	282-286.
95	4	Venus Dysera.		»	27.	279-281.
96	6	Venus Dysera.		»	28.	287-290.
97	4	Venus Dysera.		»	28.	291, 292.
98	4	Venus Dysera.		»	28.	291, 292.
99	2	Venus Foliaceo-Lammellosa.				
100	5	Venus Verrucosa.		»	29.	299, 300.
101	{ 3	Venus Cancellata.		»	29.	304-307.
	{ 1	Venus Guineensis		»	30.	311.
	{ 1	Venus Monsterrosa.		VII.	42.	445, 446. *a.b.*
	{ 2	Venus Flexuosa.		VI.	31.	333, 334.
102	4	Venus Erycina.		»	32.	337.
103	4	Venus Erycina.		»	32.	338, 339.
104	2	Venus Mercenaria.		X.	171.	1659, 1660.
105	{ 2	Venus Chione.		VI.	32.	340.
	{ 1	Venus Japonica.		»	33.	344.
106	3	Venus Japonica.		»	32.	343.
107	6	Venus Maculata.		»	33.	345.
108	4	Venus Meretrix.		»	33.	347-352.
109	{ 4	Venus Meretrix.		»	33.	347-352.
	{ 3	Venus Mactroides.		»	31.	326.
110	9	Venus Castrensis.		»	35.	367-381.
111	11	Venus Castrensis.		»	35.	367-381.
112	9	Venus Meroë.		VII.	43.	450-454.
113	2	Venus Fimbriata.		»	43.	448, 449.
114	3	Venus Fimbriata.		»	43.	448, 449.

			Tom.	Tab.	Fig.
Nº. 115	2	Venus Reticulata.	VI.	36.	382–384.
116	3	Venus Reticulata.	»	36.	382–384.
117	1	Venus Squamosa.	»	31.	335.
	2	Venus Purpurea.	»	36.	388, 389.
118	2	Venus Divaricata.	»	30.	376.
	6	Venus Varia.			
119	3	Venus Japonica.	»	34.	364.
120	20	Venus Textile.	VII.	42.	442, 443.
121	1	Venus Australis.	X.	171.	1662.
	1	Venus Gigantea.	»	171.	1661.
122	5	Venus Tigerina.	VII.	37.	390, 391.
123	3	Venus Tigerina.	»	37.	390, 391.
	2	Venus Prostrata.	VI.	29.	298.
124	3	Venus Pensylvanica.	VII.	37.	394, 395.
125	3	Venus Pensylvanica.	»	37.	394, 395.
126	1	Venus Punctata.	»	37.	397, 398.
	1	Venus Exoleta.	»	38.	402–404.
	16	Venus Pectinata.	»	39.	415–419.
127	4	Venus Scripta.	»	40.	420–426.
128	8	Venus Juveniles.	»	38.	405.
	4	Venus Histria.	»	38.	407.
129	1	Venus Globosa.	»	40.	430, 431.
	3	Venus Literata.	»	41.	432–34.
130	7	Venus Literata.	»	41.	432–34.
*130	7	Venus Literata.	»	41.	432–34.
131	3	Venus Rotundata.	»	42.	441.
132	24	Venus Decussata.	»	43.	455, 456.
133	9	Venus Decussata.	»	43.	455, 456.
	8	Venus Virginea.	»	42, 43.	447–458.
134	11	Venus Japonica Varia.			
135	12	Venus Varia.			

Genus Spondylus.

			Tom.	Tab.	Fig.
N°. 136	1	Spondylus Gaedero- pus.	VII.	44.	459.
137	1	Spondylus Gaedero- pus.	»	44.	459.
138	2	Spondylus Gaedero- pus.	»	44.	459.
139	2	Spondylus Gaedero- pus.	»	44.	459.
140	2	Spondylus Gaedero- pus.	»	44.	460.
141	1	Spondylus Croceus.	»	45.	463.
142	1	Spondylus Croceus.	»	45.	463.
143	1	Spondylus Croceus.	»	45.	463.
144	1	Spondylus Croceus.	»	45.	463.
145	2	Spondylus Croceus.	»	45.	463.
146	2	Spondylus Croceus.	»	45.	464.
147	2	Spondylus Varigatus.	»	45.	464.
148	1	Spondylus Varigatus.	»	45.	464.
149	4	Spondylus Varigatus.	»	45.	464.
150	2	Spondylus Varigatus.	»	45.	464.
151	1	Spondylus Gaeder. Testa Alba.	»	45.	465.
152	2	Spondylus Gaeder. Testa Alba.	»	45.	465.
153	2	Spondylus Gaeder. Testa Alba.	»	45.	465.
154	2	Spondylus Gaeder. Testa Alba.	»	45.	465.
155	1	Spondylus Gaedero- pus Testa Alba.	»	45.	465.
156	1	Spondylus Gaeder. India Orientales.	»	45.	466, 647.

N°.			Tom.	Tab.	Fig.
157	2	Spondylus Gaeder. India Orientalis.	VII.	45.	466, 467.
158	2	Spondylus Gaeder. India Orientalis.	»	45.	466, 467.
159	3	Spondylus Gaeder. India Orientalis.	»	45.	466, 467.
160	4	Spondylus Nicoba-rici.	»	45.	469, 470.
161	2	Spondylus Proboscis Elephanti.	»	45.	468.
162	1	Spondylus Proboscis Elephanti cum Cham-gryphroises concres-cere.	»	45.	468.
163	1	Spondylus Folium Petrosilinum.	»	46.	472, 473.
164	2	Spondylus Folium Petrosilinum.	»	46.	472, 473.
165	2	Spondylus Folium Petrosilinum.	»	46.	472, 473.
166	2	Spondylus Folium Petrosilinum.	»	46.	472, 473.
167	3	Spondylus Spatagus.	»	47.	474, 475.
168	2	Spondylus Spatagus.	»	47.	474, 475.
169	3	Spondylus Spatagus.	»	47.	474, 475.
170	2	Spondylus Spatagus.	»	47.	474, 475.
171	2	Spondylus Spatagus. cum Ostr. Isogonum conerescere.	»	47.	474, 475.
172	2	Spondylus Varia.			
173	3	Spondylus Varia.			
174	2	Spondylus Varia.			
175	6	Spondylus Plicatus.	»	47.	479-482.

Genus Chama.

			Tom.	Tab.	Fig.
N°. 176	1	Chama Cor.	VII.	48.	483.
177	1	Chama Cor.	»	48.	483.
178	2	Chama Gigas.	»	49.	492–496.
179	2	Chama Gigas.	»	49.	492–496.
180	1	Chama Gigas.	»	49.	492–496.
181	2	Chama Gigas.	»	49.	492–496.
182	3	Chama Gigas.	»	49.	492 496.
183	10	Chama Gigas.	»	49.	492–496.
184	3	Chama Gigas.	»	49.	492–496.
185	2	Chama Varietas no-tabilis.	»	49.	497.
186	2	Chama Hippopus.	»	50.	498, 499.
187	2	Chama Hippopus.	»	50.	498, 499.
188	1	Chama Hippopus.	»	50.	498, 499.
189	2	Chama Hippopus.	»	50.	498, 499.
190	4	Chama Hippopus.	»	50.	498, 499.
191	2	Chama Antiquata.	»	48.	488–491.
	6	Chama Calyculata.	»	50.	500, 501.
192	4	Chama Reniformis.	»	50.	502, 503.
193	2	Chama Lazarus.	»	51.	507–509.
194	3	Chama Lazarus.	»	51.	507–509.
195	4	Chama Lazarus.	»	51.	507–509.
196	4	Chama Gryphoides.	»	51.	510–513.
197	5	Chama Gryphoides.	»	51.	510–513.
198	3	Chama Bicornis.	»	52.	516–520.
199	2	Chama Arcinella.	»	52.	522, 523.
200	2	Chama Arcinella.	»	52.	522, 523.
201	4	Chama Macero-phylla.	»	50.	514, 515.

Genus Arca.

			Tom.	Tab.	Fig.
202	1	Arca Tortuosa.	VII.	53.	524, 525.

8

N°.			Tom.	Tab.	Fig.
203	1	Arca Tortuosa.	VII.	53.	524, 525.
204	1	Arca Tortuosa.	»	53.	524, 525.
205	3	Arca Noae.	»	53.	529-531.
206	4	Arca Noae.	»	53.	529-531.
207	7	Arca Noae.	»	53.	529-531.
208	4	Arca Barbata.	»	54.	534-537.
209	2	Arca Ovata.	»	54.	538.
210	4	Arca Antiquata.	»	55.	548, 549.
211	3	Arca Romboidalis.	»	56.	552.
212	2	Arca Senilis.	»	56.	554-556.
213	1	Arca Granosa.	»	56.	557.
214	2	Arca Granosa.	»	56.	557.
215	1	Arca Cucullus.	»	53.	526-528.
216	2	Arca Magellanica.	»	54.	539.
	2	Arca Undata.	»	57.	560.
217	2	Arca Pectunculus.	»	58.	568, 569.
	2	Arca Varia.	»		
218	2	Arca Glycymeris.	»	57.	564.
219	2	Arca Pilosa.	»	57.	565, 566.

Genus Ostrea.

N°.			Tom.	Tab.	Fig.
220	2	Ostrea Maxima.	VII.	60.	585-587.
221	2	Ostrea Maxima.	»	60.	585-587.
222	2	Ostrea Maxima.	»	60.	585-587.
223	5	Ostrea Maxima.	»	60.	585-587.
224	1	Ostrea Jacobaea.	»	60.	588, 589.
225	2	Ostrea Jacobaea.	»	60.	588, 589.
226	2	Ostrea Ziczac.	»	61.	590-592.
227	4	Ostrea Ziczac.	»	61.	590-592.
228	2	Ostrea Pleuronectes.	»	61.	595.
229	4	Ostrea Pleuronectes.	»	61.	595.
230	1	Ostrea Japonica.	»	62.	596.

Nº.			Tom.	Tab.	Fig.
231	3	Ostrea Hybrida.	VII.	63.	601, 602.
232	4	Ostrea Hybrida.	»	63.	601, 602.
233	3	Ostrea Radula.	»	63.	599, 600.
234	4	Ostrea Radula.	»	63.	599, 600.
235	2	Ostrea Imbricata (Se- mitestus.)	»	69.	g.
	3	Ostrea Varia.			
236	4	Ostrea Plica.	»	62.	598 *a. b.*
237	5	Ostrea Plica.	»	62.	598 *a. b.*
238	3	Ostrea Pallium.	»	64.	607.
239	3	Ostrea Pallium.	»	64.	607.
240	3	Ostrea Pallium.	»	64.	607.
241	3	Ostrea Pallium.	»	64.	607.
242	2	Ostrea Nodosa	»	64.	609-611.
243	2	Ostrea Nodosa.	»	64.	609-611.
244	2	Ostrea Nodosa.	»	64.	609-611.
245	3	Ostrea Nodosa.	»	64.	609-611.
246	2	Ostrea Pes Felis.	»	64, 65.	612, 613.
	2	Ostrea Obliterata.	»	66.	622-624.
247	6	Ostrea Sanguinea.	»	66.	628.
248	6	Ostrea Varia.	»	66.	633, 634.
249	6	Ostrea Varia.	»	66.	633, 634.
250	10	Ostrea Varia.	»	66.	633, 634.
251	5	Ostrea Glabra.	»	67.	638 645.
252	8	Ostrea Glabra.	»	67.	638-645.
253	3	Ostrea Opercularis.	»	67.	646.
254	4	Ostrea Opercularis.	»	67.	646.
255	2	Ostrea Gibba.	»	65.	619, 620.
256	2	Ostrea Sulcata. 2 Varia.	»	63.	603, 604.
257	10	Ostrea Histrionica (Semitestus.)	»	65.	614.
	2	Ostrea Islandica.	»	65.	615, 616.
258	2	Ostrea Islandica.	»	65.	615, 616.

			Tom.	Tab.	Fig.
N°. 259	2	Ostrea Senatoria.	VII.	65.	617.
	3	Ostrea Citrina.	»	65.	618.
260	3	Ostrea Sulphurea.	»	66.	629.
	2	Ostrea Sulphurea.	»	66.	630, 631.
261	6	Ostrea Porphyrea.	»	66.	632.
262	6	Ostrea Trangubaria.	»	67.	647, 648.
263	4	Ostrea Lima.	»	68.	651.
	3	Ostrea Glacialis.	»	68.	652–653.
264	2	Ostrea Malleus Albus.	XI.	206.	2029–2030.
265	1	Ostrea Malleus.	VIII.	70.	655.
266	1	Ostrea Malleus.	»	70.	655.
267	1	Ostrea Malleus.	»	70.	655.
268	1	Ostrea Malleus.	»	70.	655.
269	1	Ostrea Malleus.	»	70.	655.
270	1	Ostrea Malleus.	»	70.	655.
271	1	Ostrea Malleus.	»	70.	655.
272	2	Ostrea Malleus.	»	70.	655.
273	2	Ostrea Valsella.	»	70.	657.
	1	Ostrea Anatina.	»	70.	658.
274	3	Ostrea Folium.	»	71.	662-666.
275	4	Ostrea Folium.	»	71.	662–666.
276	2	Ostrea Edulis.	»	74.	682.
	1	Ostrea Denticulata.	»	73.	673?
277	1	Ostrea Fornicata.	»	71.	677. *a. b.*
	1	Ostrea Spondyloidea.	»	72.	669, 670.
	1	Ostrea Forskahly.	»	72.	671. *a. b. c.*
278	1	Ostrea Cornu copiae.	»	74.	679.
	4	Ostrea Varia.			
279	3	Ostrea Parasitica.	»	74.	681.
280	2	Ostrea Isognonum.	VII.	59.	584.
281	2	Ostrea Isognonum.	»	59.	584.
282	2	Ostrea Isognonum.	»	59.	584.

			Tom.	Tab.	Fig.
Nº. 283	1	Ostrea Isogonum Imperfecti.	VII.	59.	582.
284	2	Ostrea Isognomum Imperfecti.	»	59.	582.
285	2	Ostrea Ephippium.	»	58.	576, 577.
286	4	Ostrea Ephippium.	»	58.	576, 577.

Genus Anomia.

			Tom.	Tab.	Fig.
287	4	Anomia Ephippium.	VIII.	76.	692, 693.
288	3	Anomia Cepa.	»	76.	694, 695.
289	2	Anomia Placenta.	»	79.	716.
290	3	Anomia Placenta.	»	79.	716.
291	2	Anomia Placenta.	»	79.	716.
292	1	Anomia Sella.	»	79.	714.
293	1	Anomia Sella.	»	79.	714.
294	1	Anomia Sella.	»	79.	714.
295	2	Anomia Sella.	»	79.	714.
296	2	Anomia Sella.	»	79.	714.
297	2	Anomia Sella.	»	79.	714.
298	3	Anomia Capensis.	»	77.	703. *a. b. c.*
	3	Anomia Dorsata.	»	78.	710, 711.

Genus Mytilus.

			Tom.	Tab.	Fig.
299	2	Mytilus Crista Galli.	VIII.	75.	683, 684.
300	2	Mytilus Crista Galli.	»	75.	683, 684.
301	5	Mytilus Crista Galli.	»	75.	683, 684.
302	4	Mytilus Crista Galli.	»	75.	683, 684.
303	2	Mytilus Crista Galli.	»	75.	683, 684.
304	1	Mytilus Hyotis.	»	75.	685.
305	1	Mytilus Hyotis.	»	75.	685.

			Tom.	Tab.	Fig.
Nº. 3o6	1	Mytilus Hyotis.	VIII.	75.	685.
3o7	3	Mytilus Hyotis.	»	75.	685.
3o8	1	Mytilus Hyotis.	»	75.	685.
3o9	2	Mytilus Hyotis.	»	75.	685.
310 {	1	Mytilus Frons.	»	75.	686.
	3	Mytilus Parasitica.	IX.	116.	997.
311	1	Mytilus Margaritiferus.	VIII.	80.	717-721. *a.b.*
312	2	Mytilus Margaritiferus.	»	80.	717-721. *a.b.*
313	2	Mytilus Margaritiferus (1 Semitestus.)	»	80.	717-721. *a.b.*
314	3	Mytilus Margaritiferus.	»	80.	717-721. *a.b.*
315	2	Mytilus Margaritiferus (3 Semitestus.)	»	80.	717-721. *a.b.*
316	6	Mytilus Margaritiferus.	»	8o.	717-721. *a.b.*
317	5	Mytilus Lithophagus.	»	82.	729, 730.
318	6	Mytilus Bilocularis.	»	82.	736. *a. b.*
319	8	Mytilus Bilocularis.	»	82.	736. *a. b.*
320	3	Mytilus Edulis 1 minor.	»	84.	750-751-755.
321	8	Mytilus Edulis.	»	84.	750-751-755.
322 {	1	Mytilus Ungulatus.	»	84.	747-756.
	1	Mytilus Bidens.			
323	4	Mytilus Modiolus.	»	85.	757-760.
324	6	Mytilus Modiolus.	»	85.	757-760.
325	1	Mytilus Papoes.			
326	2	Mytilus Papoes.			
327	2	Mytilus Hirundo.	»	81.	722-725.
328	3	Mytilus Hirundo.	»	81.	722-725.

N°.			Tom.	Tab.	Fig.
329	5	Mytilus Hirundo.	VIII.	81.	722-726.
	2	Mytilus Meleagrides.	»	81.	726.
330	2	Mytilus Ala corvi pendula, etc.		81.	727.
	4	Mytilus Varia.			
	1	Mytilus Hirundo (Semitestus.)	»	81.	728.
331	5	Mytilus Afer.	»	83.	739-741.
332	14	Mytilus Smaragdinus.	»	83.	745.
333	5	Mytilus Versicolor.	»	84.	748.
334	4	Mytilus Varius.			
335	2	Mytilus Elongalus. Laevis Magellanicus.	»	83.	738.
336	3	Mytilus Elongalus. Laevis Magellanicus.		83.	738.
337		Mytilus Costatus Coeruleum.			
338		Mytilus Costatus Coeruleum.			
339	2	Mytilus Modiolis Brasiliensis.			
340	2	Mytilus Arborensis.	XI.	198.	2016, 2017.
341	1	Mytilus Discors et Varia.	VIII.	86.	764-768.

Genus Pinna.

N°.			Tom.	Tab.	Fig.
342	1	Pinna Rudis.	VIII.	88.	773.
343	2	Pinna Rudis.	»	88.	773.

			Tom.	Tab.	Fig.
N°. 344	2	Pinna Nigra fumigata.	VIII.	88.	774.
345	1	Pinna Nigra fumigata.	»	88.	774.
346	4	Pinna Pectinata.	»	87.	770, 771.
347	2	Pinna Nobilis.	»	89.	775, 776.
348	3	Pinna Nobilis.	»	89.	775, 776.
349	1	Pinna Obeliscus.	»	92.	784.
350	4	Pinna Bicolor.	»	90.	780.
351	3	Pinna Vexillum.	»	91.	783.
352	3	Pinna Vitrea.	»	87.	772.
	2	Pinnae Unguis.	X.	172.	1675, 1677.
353	3	Pinna Vitrea.	VIII.	87.	772.
	1	Pinna Varigata.			

UNIVALVIA SPIRÂ REGULARIS.

Genus Argonauta.

			Tom.	Tab.	Fig.
1	1	Argonauta Argo Tuberculosus.	I.	17.	156–160.
			»	16.	156–160.
2	1	Argonauta Argo Tuberculosus.	»	16.	156–160.
3	1	Argonauta Argo Tuberculosus.	»	16.	156–160.
4	2	Argonauta Argo Tuberculosus.	»	16.	156–160.
5	1	Argonauta Argo Tuberculosus.	»	16.	156–160.
6	1	Argonauta Papiraceus.	»	17.	157.
7	2	Argonauta Papiraceus.	»	17.	157.

				Tom.	Tab.	Fig.
N°.	8	2	Argonauta Papiraceus.	I.	17.	157.
	9	2	Argonauta Papiraceus.	»	17.	157.
	10	4	Argonauta Papiraceus.	»	17.	157.
	11	2	Argonauta Papiraceus, Carina latiore.	»	17.	158, 159.
	12	2	Argonauta Papiraceus, Carina latiore.	»	17.	158, 159.
	13	1	Argonauta Vitreus.	»	18.	163.

Genus Nautilus.

				Tom.	Tab.	Fig.
	14	1	Nautilus Pompilius.	»	18.	164, 165.
	15	1	Nautilus Pompilius.	»	18.	164, 165.
	16	2	Nautilus Pompilius.	»	18.	164, 165.
	17	2	Nautilus Pompilius.	»	18.	164, 165.
	18	1	Nautilus Pompilius, (Sculptus per C. Belkin.)			
	19	1	Nautilus Pompilius, (Sculptus per C. Belkin.)			
	20	1	Nautilus Pompilius, (Sculptus per C. Belkin.)			
	21	1	Nautilus Pompilius, (Sculptus per C. Belkin.)			
	22	2	Nautilus Pompilius, (Sculptus per C. Belkin.)			
	23	1	Nautilus Umbilicatus.	I.	19.	166.
	24	1	Nautilus Umbilicatus.	»	19.	166.
	25	1	Nautilus Umbilicatus.	»	19.	166.
	26	4	Nautilus Umbilicatus.	»	19.	166.
	27	8	Nautilus Spirula.	Pag. 254.	Vign. 11.	1-3.

Genus Conus.

			Tom.	Tab.	Fig.
Nᵒ. 28	1	Conus Marmoreus.	11.	62.	685, 686.
29	1	Conus Marmoreus.	»	62.	685, 686.
30	2	Conus Marmoreus.	»	62.	685, 686.
31	2	Conus Marmoreus.	»	62.	685, 686.
32	2	Conus Marmoreus.	»	62.	685, 686.
33	2	Conus Marmoreus.	»	62.	685, 686.
34	1	Conus Marmoreus Granatina.			
35	1	Conus Nocturnus.	»	62.	687, 688.
36	2	Conus Nocturnus.	»	62.	687, 886.
37	4	Conus Nocturnus.	»	62.	687, 688.
38	1	Conus Nocturnus Granatina.			
39	2	Conus Imperialis.	»	62.	690, 691.
40	2	Conus Imperialis.	»	62.	690, 691.
41	2	Conus Imperialis.	»	62.	690, 691.
42	2	Conus Imperialis, var.	»	62.	693 ?
43	1	Conus Literatus.	»	60.	666–668.
44	1	Conus Literatus.	»	60.	666–668.
45	2	Conus Literatus.	»	60.	666–668.
46	2	Conus Literatus.	»	60.	666–668.
47	3	Conus Literatus.	»	60.	666–668.
48	2	Conus Literatus.	»	60.	666–668.
49	4	Conus Literatus.	»	60.	666–668.
50	1	Conus Literatus Roseus.	»	60.	667.
51	1	Conus Literatus Roseus.	»	60.	667.
52	1	Conus Punctatus.			
53	2	Conus Generalis.	»	58.	645–652.

			Tom.	Tab.	Fig.
N°. 54	2	Conus Generalis.	II.	58.	645–652.
55	2	Conus Generalis.	»	58.	645–652.
56	4	Conus Generalis.	»	58.	645–652.
57	3	Conus Generalis.	»	58.	645–652.
58	5	Conus Generalis.	»	58.	645–652.
59	3	Conus Capitaneus Generalis.	X.	140.	1301–1303.
60	2	Conus Virgo.	II.	53.	585, 586.
61	2	Conus Virgo.	»	53.	585, 586.
62	3	Conus Capitaneus.	»	59.	660–662.
63	3	Conus Capitaneus, var.	»	59.	660–662.
64	7	Conus Capitaneus.	»	59.	660–662.
65	1	Conus Capitaneus Granularis.			
66	2	Conus Capitaneus.	X.	138.	1280.
67	2	Conus Capitaneus.	»	138.	1280.
68	4	Conus Capitaneus.	»	140.	1298.
69	2	Conus Miles.	II.	59.	663, 664.
70	3	Conus Miles.	»	59.	663, 664.
71	1	Conus Ammiralis.	X.	141.	1307–1309.
72	1	Conus Ammiralis.	»	141.	1307–1309.
73	1	Conus Ammiralis.	»	141.	1307–1309.
74	2	Conus Ammiralis.	»	141.	1307–1309.
75	2	Conus Ammiralis.	»	141.	1307–1309.
76	2	Conus Ammiralis.	»	141.	1307–1309.
77	2	Conus Ammiralis.	»	141.	1307 1309.
78	2	Conus Ammiralis.	»	141.	1307–1309.
79	2	Conus Ammiralis.	»	141.	1307–1309.
80	2	Conus Ammiralis.	»	141.	1307–1309.
81	2	Conus Ammiralis.	»	141.	1307–1309.
82	2	Conus Ammiralis.	»	141.	1307–1309.
83	2	Conus Ammiralis.	»	141.	1307–1309.

Nº.				Tom.	Tab.	Fig.
84	2	Conus Ammiralis.		X.	141.	1307-1309.
85	2	Conus Ammiralis.		»	141.	1307-1309.
86	2	Conus Ammiralis.		II.	57.	635 ?
87	2	Conus Larvatus.		»	57.	635. A.
88	1	Conus Ammiralis Granatina.				
89	1	Conus Ammiralis Granatina.				
90	2	Conus Ammiralis Granatina.				
91	2	Conus Ammiralis Granatina.				
92	3	Conus Americanus.		»	61.	678 ?
93	2	Conus Americanus.		»	61.	678 ?
94	3	Conus Americanus.		»	61.	678 ?
95	3	Conus Americanus.		»	61.	678 ?
96	2	Conus Vicarius.		X.	140.	1297.
97	2	Conus Vicarius.		»	140.	1297.
98	2	Conus Vicarius.		»	140.	1297.
99	3	Conus Vicarius.		»	140.	1297.
100	1	Conus Canaliculatus.		XI.	181.	1748, 1749.
101	1	Conus Nobilis.		X.	141.	1313, 1314.
102	2	Conus Nobilis.		»	141.	1313, 1314.
103	2	Conus Nobilis.		»	141.	1313, 1314.
104	1	Conus *Rariss.* ?				
105	2	Conus Ala Papilionus Spuria.		II.	60.	669.
106	2	Conus Ala Papilionus Spuria.		»	60.	669.
107	3	Conus Ala Papilionus Spuria.		»	60.	669.
108	1	Conus Varius *Rariss.* ?				
109	2	Conus Varius *Rariss.* ?				

			Tom.	Tab.	Fig.
Nº. 110	1	Conus Papilio.	II.	56.	623.
111	1	Conus Papilio.	»	56.	623.
112	2	Conus Papilio.	»	56.	623.
113	3	Conus Pavimentum Italicum.	»	59.	653, 654.
114	4	Conus Pavimentum Italicum.	»	59.	653, 654.
115	3	Conus Glaucus.	»	61.	670–674.
116	5	Conus Glaucus.	»	61.	670–670.
117	2	Conus Glaucus.	X.	138.	1277, 1278
118	4	Conus Monachus.	»	142.	1319.
119	3	Conus Minimus.	II.	55.	613.
120	4	Conus Minimus.	»	55.	613.
121	2	Conus Achatina.			
122	4	Conus Achatina.			
123	2	Conus Rusticus.	»	56.	694, 695.
124	5	Conus Rusticus.	»	63.	694, 695.
125	2	Conus Mercator.	»	56.	619–621.
126	1	Conus Betulinus.	»	60.	665.
127	2	Conus Betulinus.	»	60.	665.
128	2	Conus Betulinus.	»	60.	665.
129	2	Conus Betulinus.	»	60.	665.
130	4	Conus Betulinus.	»	60.	665.
131	2	Conus Figulinus.	»	59.	656–658.
132	2	Conus Figulinus.	»	59.	656–658.
133	4	Conus Figulinus.	»	59.	656–658.
134	1	Conus Figulinus Flavum.			
135	2	Conus Felis Punctatus Cinctus.	X.	139.	1294.
136	4	Conus Hebraeus.	II.	56.	617.
137	3	Conus Stercus Muscarum.	»	64.	711, 712.

N°.			Tom.	Tab.	Fig.
N°. 161	2	Conus Amadis.	X.	142.	1322, 1323.
162	4	Conus Amadis.	»	142.	1322, 1323.
163	2	Conus Amadis, *var.*			
164	2	Conus Acachnoideus.	II.	61.	676.
165	2	Conus Nicobaricus.	X.	144. A. c. d.	
166	2	Conus Nicobaricus.	X.	144. A. c. d.	
167	2	Conus Costatus.	XI.	181.	1745–1747.
168	1	Conus Coronatus.	X.	139.	1286.
169	1	Conus Coronatus.	»	139.	1287, 1238.
170	4	Conus Zeylanicus.	»	142.	1318.
171	2	Conus Clavus.	»	143.	1327.
172	3	Conus Clavus.	»	143.	1327.
173	3	Conus Nussatella.	»	143.	1329.
174	2	Conus Terrebellum.	II.	52.	577.
175	3	Conus Terrebellum.	X.	143.	1330.
176	1	Conus Laevis.	II.	52.	577.
177	2	Conus Affinis.	»	52.	571.
178	3	Conus Granulatus.	»	52.	574, 575.
179	3	Conus Ammiralis, Anglicus ?			
180	1	Conus Arausiacus.	»	57.	636, 637.
181	1	Conus Arausiacus.	»	57.	636, 537.
182	1	Conus Arausiacus.	»	57.	636, 637.
183	4	Conus Magus.	»	58.	641.
184	4	Conus Fasciatus Varia.			
185	5	Conus Fasciatus Varia.			
186	4	Conus. Fasciatus Granatina.			
187	3	Conus Varia.			
188	11	Conus Varia.			
189	5	Conus Striatus.	»	64.	714–716.

			Tom.	Tab.	Fig.
N°. 190	5	Conus Striatus.	II.	64.	714–716.
191	6	Conus Striatus.	»	64.	714–716.
192	3	Conus Textile.	»	54.	598–600.
193	5	Conus Textile.	»	54.	598–600.
194	5	Conus Textile, *var.*			
195	4	Conus Textile.	X.	143.	1326. *a.b.c.*
196	7	Conus Textile.	»	143.	1326. *a.b.c.*
197	1	Conus Gloria Maris.	»	143.	1324, 1325.
198	3	Conus Australis.	XI.	183.	1774, 1775.
199	3	Conus Aulicus.	II.	53.	592.
200	5	Conus Aulicus.	»	53.	592.
201	5	Conus Aulicus.	»	54.	595, 596.
202	4	Conus Aulicus.	»	54.	593, 594.
203	1	Conus Thomae.	»	53.	590.
204	1	Conus Thomae.	»	53.	590.
205	1	Conus Thomae.	X.	138.	1282, 1283.
206	5	Conus Spectrum.	II.	53.	582–584.
207	1	Conus Bullatus, *var.*			
208	4	Conus Bullatus.	X.	142.	1315, 1316.
209	4	Conus Tulipa.	II.	64.	718–721.
210	2	Conus Geographus.	»	64.	717.
211	2	Conus Vixillum.	»	57.	629.

Genus Cyprea.

			Tom.	Tab.	Fig.
212	3	Cyprea Exanthema.	I.	28.	299. *a.*
213	4	Cyprea Exanthema.	»	28.	299. *a.*
214	3	Cyprea Mappa.	»	25.	245, 246.
215	5	Cyprea Arabica.	»	31.	328–330.
216	3	Cyprea Argus.	»	28.	285, 286.
217	1	Cyprea Testudinaria.	»	27.	271, 272.
	1	Cyprea Stercoraria.	X.	144.	1332.
218	5	Cyprea Carneola.	I.	28.	287, 288.

N°.			Tom.	Tab.	Fig.
219	1	Cyprea Zebra.			
220	3	Cyprea Talpa.	I.	27.	273, 274.
221	6	Cyprea Amethystea.	»	25.	247–249.
222	1	Cyprea Lurida.	»	30.	315.
	2	Cyprea Guttata.	»	25.	252, 253.
223	3	Cyprea Plumbea.	»	26.	256.
	2	Cyprea Cinera.	»	25.	254, 255.
224	1	Cyprea Histrio.	X.	145.	1346, 1347.
	1	Cyprea Scurra.	»	144.	1338. *a. b.*
225	2	Cyprea Regina.	I.	22.	207, 208.
226	4	Cyprea Caput Serpentis.	»	30.	316.
	2	Cyprea Mauritiana.	»	30.	317–319.
227	13	Cyprea Vittellus.	»	23.	228, 229.
228	4	Cyprea Mus.	»	23.	222, 223.
229	2	Cyprae Tigris.	»	24.	232–236.
230	4	Cyprea Tigris.	»	24.	232–236.
231	4	Cyprea Tigris.	»	24.	232–236.
232	4	Cyprea Tigris.	»	24.	232–236.
233	9	Cyprea Lynx.	»	23.	230, 231.
	4	Cyprea Isabella.	»	27.	275.
	1	Cyprea Onyx.	X.	145.	1341.
	8	Cyprea Ziczac.	I.	23.	224–227.
234	5	Cyprea Hirundo.	»	28.	282.
	8	Cyprea Asellus.	»	27.	280, 281.
	3	Cyprea Pyrum.	»	26.	267, 268.
	7	Cyprea Cribraria.	»	31.	336.
	5	Cyprea Moneta.	»	31.	337–340.
	4	Cyprea Annulus.	»	24.	239, 240.
235	3	Cyprea Caurica.	»	29.	301, 302.
	3	Cyprea Caurica.	»	29.	303.
	8	Cyprea Erosa.	»	30.	320, 321.
	7	Cyprea Stolida.	»	28.	292, 293.
	10	Cyprea Helvola.	»	30.	326, 327.

			Tom.	Tab.	Fig.
	4	Cyprea Ocellata.	I.	31.	333, 334.
	22	Cyprea Pediculus.	»	29.	306-311.
	2	Cyprea Nucleus.	»	29.	312.
	7	Cyprea Staphyleae.	»	29.	313.
N°. 236	5	Cyprea Cicercula.	»	24.	243, 244.
	3	Cyprea Globulus.	»	24.	242.
	5	Cyprea Squalina.	»	25.	250, 251.
	3	Cyprea Rubiginosa.	»	29.	305.
	3	Cyprea Acicularis.	»	31.	335.
	2	Cyprea Cribaria.			

Genus Bulla.

			Tom.	Tab.	Fig.
237	4	Bulla Ovum.	I.	22.	205, 206.
238	1	Bulla Volva.	»	23.	217.
239	1	Bulla Volva.	»	23.	217.
240	1	Bulla Volva.	»	23.	217.
241	1	Bulla Volva, *var.?*	»	23.	217.
242	1	Bulla Spelta.	»	23.	315-316.
243	2	Bulla Verrucosa.	»	23.	220, 221.
	3	Bulla Gibbosa.	»	22.	211-214.
244	7	Bulla Naucum.	»	22.	200, 201.
245	1	Bulla Aperta.	X.	146.	1354, 1355.
246	8	Bulla Ampulla.	I.	21, 22.	188-193.
247	2	Bulla Lignaria.	»	21.	194, 195.
248	2	Bulla Physis.	»	21.	196-198.
249	2	Bulla Physis.	»	21.	196-198.
250	2	Bulla Physis.	»	21.	196-198.
251	2	Bulla Vexillum Nigritarum.	X.	146.	1348, 1349.
252	2	Bulla Vexillum Nigritarum.	»	146.	1348, 1349.
253	2	Bulla Vexillum Nigritarum.	»	146.	1348, 1349.
	1	Bulla Amplustre.	»	146.	1356, 1357.

			Tom.	Tab.	Fig.
Nᵒ. 254	3	Bulla Amplustre.	X.	146.	1356, 1357.
255	3	Bulla Varia.			
256	2	Bulla Nonumbilicata Rarior.	I.	22.	209, 210.
257	2	Bulla Ficus.	III.	66.	733–737.
258	2	Bulla Ficus.	»	66.	733–737.
259	4	Bulla Ficus.	»	66.	733–737.
260	4	Bulla Ficus.	»	66.	733–737.
261	3	Bulla Rapa.	»	68.	747 749.
262	5	Bulla Rapa.	»	68.	747–749.
263	3	Bulla Terebellum.	II.	51.	568, 569.
264	4	Bulla Terebellum.	»	51.	5 8, 569.
265	5	Bulla Terebellum.	»	51.	568, 569.
266	3	Bulla Cypraea.	»	65.	725–729.
267	4	Bulla Cypraea.	»	65.	725–729.
268	11	Bulla Cypraea.	»	65.	725–729.
269	6	Bulla Virginea.	IX.	117.	1000–1004.
270	8	Bulla Virginea.	»	117.	1000–1004.
271	1	Bulla Virginea, *var.*			
272	2	Bulla Fasciata.	»	117.	1004–1006.
273	2	Bulla Fasciata.	»	117.	1004–1006.
274	1	Bulla Fasciatus Brunensis.			
275	2	Bulla Fasciatus Griseum.			
276	2	Bulla Albidens.			
277	1	Bulla Zebra.	»	103.	875, 876.
278	1	Bulla Zebra.	»	103.	875–876.
279	5	Bulla Zebra.	»	118.	1015, 1016.
280	4	Bulla Zebra Varia.			
281	4	Bulla Zebra Varia.			
282	2	Bulla Flammeum Obscurium.			

			Tom.	Tab.	Fig.
Nᵒ. 283	2	Bulla Zebra.	IX.	118.	1014.
284	2	Bulla Zebra.	»	118.	1014.
285	2	Bulla Achatina.	»	118.	1012, 1013.
286	3	Bulla Achatina.	»	118.	1012, 1013.
287	3	Bulla Achatina.	»	118.	1014, 1013.
288	2	Bulla Purpurea.	»	118.	1017, 1018.
289	4	Bulla Purpurea.	»	118.	1017, 1018.
290	2	Bulla Achatina Perversus.	»	103.	175, 176.
291	3	Bulla Flammea.	»	119.	1024, 1025.

Genus Voluta.

			Tom.	Tab.	Fig.
292	2	Voluta Auris Midae.	II.	43.	436–438.
293	2	Voluta Auris Midae.	»	43.	436–438.
294	3	Voluta Auris Midae Distorta.	X.	149.	1395, 1396.
295	5	Voluta Auris Midae Distorta.	»	149.	1395, 1396.
296	3	Voluta Sulcata.	II.	43.	440, 441.
	3	Voluta Solidula.	X.	149.	1405.
297	3	Voluta Auris Judae.	II.	44.	449–451.
298	3	Voluta Auris Judae.	»	44.	449–451.
299	1	Voluta Auris Malchi.	IX.	121.	1039, 1040.
300	1	Voluta Auris Virginae.	»	121.	1402.
301	1	Voluta Zirvogeliana.	X.	149.	1406.
	2	Voluta Caffea.	II.	43.	445.
302	3	Voluta Porphyria.	»	47.	485, 486.
303	8	Voluta Porphyria.	»	45.	476, 477.
304	8	Voluta Oliva.	»	45.	472, 473.

N°.				Tom.	Tab.	Fig.
305	3	Voluta Oliva Flavum.		I.	47.	501.
306	9	Voluta Oliva.		»	47.	503, 504.
307	9	Voluta Oliva.		»	47.	503, 504.
308	5	Voluta Oliva Ziczac.				
309	25	Voluta Oliva Varia.				
310	15	Voluta Oliva Varia.				
311	3	Voluta Oliva.		»	147.	1367, 1368.
312	34	Voluta Oliva Varia.				
313	13	Voluta Oliva Varia.				
314	5	Voluta Utriculus.		II.	51.	565, 566.
315	7	Voluta Utriculus.		»	51.	565, 566.
316	4	Voluta Utriculus.		»	50.	549–558.
317	9	Voluta Utriculus.		»	50.	549–558.
318	6	Voluta Hiatula.		»	50.	555.
	3	Voluta Ispidula.				
	6	Voluta Ispidula.		»	46.	491, 492.
319	17	Voluta Oliva et Espidula Varia.				
320	1	Voluta Dactylus.		X.	150.	1411, 1412.
	6	Voluta Persicula.		II,	42.	416–420.
	3	Voluta Faba.		»	42.	432, 433.
	11	Voluta Glabella.		»	42.	429–435.
321	7	Voluta Prunum.		»	42.	422–123.
	2	Voluta Reticulata.		III.	121.	1107, 1108.
	4	Voluta Reticulata Varia.				
322	12	Voluta Mercatoria.		II.	44.	452–458.
	4	Voluta Paupercularis.		IV.	149.	1386, 1387.
	1	Voluta Scabricula.		»	149.	1388, 1389.
323	7	Voluta Sanguisuga.		»	148.	1367, 1368.
324	7	Voluta Sanguisuga.		»	148.	1367, 1368.

No.			Tom.	Tab.	Fig.
325	4	Voluta Caffea.	IV.	148.	1369, 1370.
326	5	Voluta Caffea.	»	148.	1369, 1370.
327	8	Voluta Vulpecula.	»	148.	1366.
328	8	Voluta Plicaria.	»	148.	1362–1365.
329	10	Voluta Plicaria.	»	148.	1362–1365.
330	2	Voluta Scutulata.	X.	151.	1428, 1429.
	5	Voluta Subdivisa.	»	151.	1434-1437.
331	4	Voluta Maculosa.	IV.	149.	1377.
332	2	Voluta Aurantia.	»	150.	1393, 1394.
	14	Voluta Mitra Varia.			
333	5	Voluta Mitra Varia.			
334	2	Voluta Mitra Fasciatus Aureum.			
335	4	Voluta Mitra Fasciatus Aureum.			
536	3	Voluta Pertusa.	»	147.	1361.
437	4	Voluta Pertusa.	X.	151.	1432, 1433.
338	2	Voluta Mitra, *Rariss.?*			
339	3	Voluta Cardinalis.	IV.	147.	1358, 1359.
340	2	Voluta Episcopalis.	»	147.	1360,1360.A.
341	3	Voluta Episcopalis.	»	147.	1360,1360.A.
	2	Voluta Mitra Papalis.	»	147.	1355, 1356,
342	2	Voluta Mitra Papalis.	»	147.	1353, 1354.
343	2	Voluta Mitra Papalis.	»	147.	1353, 1364,
344	4	Voluta Musica.	III.	96.	926–933.
345	7	Voluta Musica.	»	96.	926–933.
346	12	Voluta Musica.	»	96.	926–933.
347	7	Voluta Musica.	X.	149.	1403–1404.

			Tom.	Tab.	Fig.
N°. 348	2	Voluta Musica, Viridis.	III.	97.	932, 933.
349	2	Voluta Musica, Viridis.	»	97.	932, 933.
350	2	Voluta Musica, Viridis.	»	97.	932, 933.
351	3	Voluta Vespertilio.	»	97.	936–940.
352	4	Voluta Vespertilio.	»	97.	936–940.
353	7	Voluta Vespertilio.	»	97.	936–940.
354	8	Voluta Vespertilio.	»	97.	936–940.
355	3	Voluta Vespertilio, *var.*			
356	3	Voluta Vespertilio, *var.*			
357	3	Voluta Vespertilio, *var. Rariss.*			
358	1	Voluta Corona Chinensis.	»	97.	934, 935.
359	1	Voluta Corona Chinensis.	»	97.	934, 935.
360	2	Voluta Hebraea.	»	96.	924, 925.
361	2	Voluta Hebraea.	»	96.	924, 925.
362	3	Voluta Turbinellus.	»	99.	944.
363	4	Voluta Turbinellus.	»	99.	944.
	1	Voluta Globulus.	»	178.	1715, 1716.
364	2	Voluta Capitellum.	»	99.	947, 948.
365	2	Voluta Capitellum.	»	99.	949, 950.
366	1	Voluta Ceramica.	»	99.	943.
367	2	Voluta Ceramica.	»	99.	943.
368	2	Voluta Pyrum.	»	95.	916, 917 et
			IX.	104.	884–887.
369	2	Voluta Pyrum.	III.	95.	916, 917 et
			IX.	104.	884–887.

No.			Tom.	Tab.	Fig.
370	4	Voluta Pyrum.	III.	95.	916,917 et
			IX.	104.	884–887.
371	1	Voluta Lapponica.	III.	89.	872, 873.
372	2	Voluta Lapponica.	»	89.	872, 873.
373	2	Voluta Lapponica.	»	89.	872, 873.
374	1	Voluta Vexillum.	X. *Vign.* 20.		A. B.
375	1	Voluta Vexillum.	»	» 20.	A. B.
376	1	Voluta Vexillum.	»	» 20.	A. B.
377	1	Voluta Vexillnm.	»	» 20.	A. B.
378	1	Voluta Ziczac *Rarissi.*			
379	1	Voluta Rupilus.	III.	98.	941, 942.
380	1	Voluta Rupilus.	»	98.	941, 942.
381	2	Voluta Rupilus.	»	98.	941, 942.
382	1	Voluta Magellanica.	X.	148.	1383, 1384.
383	1	Voluta Aethiopica.	III.	74-76.	780-783.787,788.
384	1	Voluta Aethiopica.	»	74-76.	780-783 787,788.
385	1	Voluta Aethiopica.	»	74-76.	780-783-787,788.
386	2	Voluta Aethiopica.	»	74-76.	780-783-787,788.
387	2	Voluta Aethiopica.	»	74-76.	780-783-787,788.
	1	Voluta Aethiopica.	III.	73.	777.
388	4	Voluta Aethiopica.	»	73.	777.
389	1	Voluta Aethiopica.	»	75.	784.
390	1	Voluta Aethiopica.	»	74.	781.
391	2	Voluta Aethiopica.	»	74.	781.
392	1	Voluta Cymbium.	»	70.	762–765.
393	1	Voluta Cymbium.	»	70.	762–765.
394	1	Voluta Cymbium.	»	70.	762–765.
395	1	Voluta Cymbium.	»	70.	762–765.
396	2	Voluta Cymbium Varigatum.	»	60.	762, 763.
397	4	Voluta Olla.	III.	71.	766.
398	2	Voluta Neptuni.	»	71.	767.

No.			Tom.	Tab.	Fig.
	1	Voluta Neptuni-	III.	71.	767.
399	1	Voluta Navicula.	»	71.	768–769.
	1	Voluta Navicula Va- ria.			
400	1	Voluta Indica.	»	72.	772, 773.
401	1	Voluta Indica Va- ria.			
402	1	Voluta Indica Va- ria.			
403	1	Voluta Scapha.	»	72.	774–776.
404	1	Voluta Scapha.	»	72.	774–776.
405	2	Voluta Scapha.	»	72.	774–776.
406	1	Voluta Cymbiola.	X.	148.	1385, 1386.
407	1	Voluta Magnifica.	XI.	674,175.	1693, 1694.
408	1	Voluta Magnifica.	»	674,175.	1693, 1694.
409	1	Voluta Cardoscoli- mus.	IV.	142.	1325.
	1	Voluta Ponderosum.	III.	95.	916.
410		Voluta Pyrum Mi- nor. Lin.	XV.	Pl. 115.	I.

Genus Buccinum.

			Tom.	Tab.	Fig.
411	4	Buccinum Olearium.	III.	117.	1076, 1077.
412	2	Buccinum Gallea.	»	116.	1070.
413	3	Buccinum Perdix.	»	117.	1078–1080.
414	5	Buccinum Perdix.	»	117.	1078–1080.
415	1	Buccinum Pomum.	II.	36.	370, 371.
	6	Buccinum Dolium.	III.	118.	1072–1075.
416	2	Buccinum Dolium.	»	118.	1072–1075.
	3	Buccinum Dolium.	»	141.	1072–1075.
417	3	Buccinum Cauda- tum.	»	112.	407, 408.

Nᵒ.			Tom.	Tab.	Fig.
418	2	Buccinum Echinophorum.	II.	41.	407, 408.
419	1	Buccinum Cassideum.	X.	153.	1461, 1462.
420	2	Buccinum Plicatum.	»	153.	1459, 1460.
421	8	Buccinum Cornutum.	II.	33.	348, 349.
422	4	Buccinum Cornutum.	»	33.	348, 349.
423	2	Buccinum Rufum.	»	32.	341.
424	2	Buccinum Rufum.	»	32.	341.
425	2	Buccinum Rufum.	»	33.	346, 347.
426	2	Buccinum Tuberosum.	»	38.	381, 382.
427	1	Buccinum Tuberosum.			
	3	Buccinum Flammeum.	»	34.	353, 354.
428	7	Buccinum Testiculus.	»	37.	375-378.
429	5	Buccinum Decussatum.	»	25.	360,61.67,68.
430	4	Buccinum Areola.	»	32.	344, 345.
431	2	Buccinum Tessellatum.	»	36.	369-374.
432	2	Buccinum Pennatum.	»	36.	372, 373.
433	2	Buccinum Strigatum.	X.	153.	1457, 1458.
	2	Buccinum Strigatum.	II.	34.	356.
434	8	Buccinum Glaucum.	»	32.	342, 343.
435	9	Buccinum Vibex.	»	35.	364, 365.
436	4	Buccinum Vibex, *var.*	»	35.	366.
437	5	Buccinum Varia.			
438	2	Buccinum Papillosum.	IV.	125.	1204, 1205.
	2	Buccinum Glans.	»	125.	1196, 1197.
	12	Buccinum Arcularia.	II.	41.	409-413.
439	4	Buccinum Harpa.	III.	119.	1090-92.91.97.
440	4	Buccinum Harpa.	»	119.	1090-92.91.97.
441	8	Buccinum Harpa Varia.			

			Tom.	Tab.	Fig.
Nº. 442	11	Buccinum Harpa Varia.			
443	1	Buccinum Costatum.	X.	152.	1452.
444	4	Buccinum Persicum.	III.	69.	760.
445	2	Buccinum Monodon.	X.	154.	1469, 1470.
446	3	Buccinum Monodon.	»	154.	1469, 1470.
447	4	Buccinum Patulum.	III.	69.	757, 758.
448	4	Buccinum Haemastoma.	»	101.	964-966.
449	3	Buccinum Armigerum.			
450	9	Buccinum Lapillus et Undosum Varia.			
	4	Buccinum Varia.			
	1	Buccinum Curcideum.			
451	2	Buccinum Rusticum.	III.	120.	1104, 1105.
	5	Buccinum Spiratum.	IV.	122.	1118-1121.
452	4	Buccinum Glabratum.	»	122.	1117-1119.
453	3	Buccinum Glabratum.	»	122.	1117-1119.
	2	Buccinum Spiratum.	» Vign.	37.	1, 2.
454	2	Buccinum Australe.	IX.	120.	1033, 1034.
455	2	Buccinum Australe.	»	120.	1033, 1034.
456	5	Buccinum Australe.	»	120.	1033, 1034.
457	2	Buccinum Orbita.	X.	154.	1471, 1472.
458	5	Buccinum Dolium Tricarinatum.	III.	113.	1089.
459	2	Buccinum Bezoar.	»	68.	754, 755.
460	2	Buccinum Glaciale.	X.	152.	1446, 1447.
461	4	Buccinum Undatum.	IV.	126.	1206-1211.
462	6	Buccinum Undatum.	»	126.	1206-1211.
463	1	Buccinum Undatum cum Ostrea Concr.			

			Tom.	Tab.	Fig.
Nᵒ. 464	1	Buccinum Anglicum.	IV.	126.	1212.
	4	Buccinum Undatum Varia.			
	2	Buccinum Tuberosa.			
	3	Buccinum Plumatum.	»	127.	1218–1229.
465	1	Buccinum Scalara.	»	Pl. 1.	Vign. 37. Fig. A. B. C.
466	2	Buccinum Maculosum, Rariss.	IV.	132.	1257, 1258.
467	2	Buccinum Maculatum.	»	153.	1440.
468	7	Buccinum Maculatum.	»	153.	1440.
469	3	Buccinum Maculatum.	»	153.	1442.
470	3	Buccinum Subulatum.	»	153.	1441–1443.
471	7	Buccinum Subulatum.	»	153.	1441–1443.
472	2	Buccinum Subulatum.	»	153.	1446.
	5	Buccinum Subulatum.	»	153.	1447.
473	6	Buccinum Crenulatum.	»	154.	1445.
474	5	Buccinum Duplicatum.	»	155.	1455.
475	3	Buccinum Dimidiatum.	»	154.	1444.
476	8	Buccinum Dimidiatum.	»	154.	1444.

		Tom.	Tab.	Fig.
Nᵒ. 477 {	6 Buccinum Comma-culatum.	IV.	154.	1452.
	3 Buccinum Acicula-tum.	»	155.	1457.
478	17 Buccinum Varia.			

Genus Strombus.

		Tom.	Tab.	Fig.
479	1 Strombus Fusus.	IV.	158.	1495, 1496.
480	1 Strombus Fusus.	»	158.	1495, 1496.
481	1 Strombus Fusus.	»	158.	1495, 1496.
482	1 Strombus Fusus.	»	158.	1497.
483	1 Strombus Fusus.	»	159.	1500.
484	1 Strombus Fusus.	»	159.	1500.
485 {	1 Strombus Fusus.	»	159.	1500.
	1 Strombus Fesus.	»	159.	1501, 1502.
486.	3 Strombus Pes Peli-cani.	III.	85.	848-8850.
487	2 Strombus Chiragra.	»	85,86,87.	851-54-56,57.
488	2 Strombus Chiragra.	»	85,86,87.	851-54-56,57.
489	3 Strombus Chiragra.	»	85,86,87.	851-54-56,57.
490	2 Strombus Chiragra.	»	85,86,87.	851-54-56,57.
491	2 Strombus Chiragra.	»	85,86,87.	851-54-56,57.
492	1 Strombus Scorpius.	»	88.	860.
493	2 Strombus Scorpius.	»	88.	860.
494	2 Strombus Scorpius.	»	88.	860.
495	2 Strombus Scorpius.	»	88.	860.
496	5 Strombus Lambis.	»	86,87-90.	855-59-84-88.
497	5 Strombus Lambis.	»	86,87-90.	855-59-84-88.
498	6 Strombus Lambis.	»	86,87-90.	855-59-84-88.
499	7 Strombus Lambis.	»	86.87-90.	855-59-84-88.
500	1 Strombus Scorpio.	X.	158.	1508-1509.
501	2 Strombus Scorpio.	»	158.	1508-1509.

			Tom.	Tab.	Fig.
N°. 502	2	Strombus Millepeda.	II.	88.	861, 862.
503	4	Strombus Lentigino-sus.	III.	80,81.	825-828.
504	3	Strombus Lentugino-sus.	»	80,81.	825-828.
505	3	Strombus Fasciatus.	»	82.	833, 834.
506	4	Strombus Fasciatus.	»	82.	833, 834.
507	4	Strombus Polyfascia-tus.	X.	155.	1483, 1484.
508	3	Strombus Gallus.	III.	84.	841, 842.
509	1	Strombus Laciniatus.	X.	158.	1506, 1507.
510	4	Strombus Auris Dia-nae.	III.	84.	838-840.
511	5	Strombus Auris Dia-nae.	»	84.	838-840.
512	2	Strombus Auris Dia-nae.	X.	156.	1487-1493.
513	4	StrombusPugilusTri-cornis.	III.	84.	843-845.
514	4	Strombus Margina-tus.	»	83.	836, 837.
515	6	Strombus Margina-tus.	»	83.	836, 837.
516	2	Strombus Pugilus.	X.	156.	1493.
517	3	Strombus Pugilus.	»	156.	1493.
518	2	Strombus Pugilus.	III.	91.	894.
519	8	Strombus Luhua-nus.	»	71.	789-791.
520	5	Strombus Lucifer.	»	90.	878, 79-81-85, 86.
521	1	Strombus Latissimus.	»	82.	832-835.
522	1	Strombus Latissimus.	»	82.	832-835.
523	2	Strombus Latissimus.	»	89.	874.

			Tom.	Tab.	Fig.
Nº. 524	{2	Strombus Epidromus.	III.	79.	821.
	{4	Strombus Minimus.	X.	156.	1491–1492.
525	13	Strombus Canarium.	III.	79.	817, 818.
526	{1	Strombus Vittatus.	»	79.	816.
	{3	Strombus Succinctus.	»	79.	815.
527	{ 5	Strombus Urceus.	»	78.	803–806.
	{ 1	Strombus Urceus Varia.			
	{ 5	Strombus Dentatus.			
528	3	Strombus Brionia.	X.	159.	1512, 1513.
529	{3	Strombus Ater.	IX.	135.	1227.
	{2	Strombus Aculeatus.	»	136.	1267, 1268.
530	2	Strombus Palustris.	IV.	156.	1472.

Genus Murex.

			Tom.	Tab.	Fig.
531	3	Murex Haustellum.	III.	115.	1066.
532	6	Murex Haustellum.	»	115.	1066.
533	1	Murex Tribulus Duplicatus.	XI.	189.	1821.
534	1	Murex Tribulus Duplicatus.	»	189.	1821.
535	1	Murex Tribulus Duplicatus.	»	189.	1821.
536	4	Murex Tribulus Duplicatus.	»	189.	1821.
537	2	Murex Tribulus.	III.	113.	1052–1056.
538	5	Murex Tribulus.	»	113.	1052–1056.
539	1	Murex Trunculus Varia.			
540	1	Murex Cornutus.	»	114.	1057.
541	2	Murex Cornutus.	»	114.	1057.
542	5	Murex Brandaris.	»	114,115.	1058, 1059.

			Tom.	Tab.	Fig.
N⁰. 543	2	Murex Melanamatos.	III.	108.	1015.
544	3	Murex Trunculus.	»	109.	1018–1020.
545	5	Murex Trunculus.	»	109.	1018–1020.
546	4	Murex Rosarium.	»	108.	1013.
547	3	Murex Pomum.	»	109.	1021–1025.
548	3	Murex Decussatus.	»	110.	1026–1028.
549	2	Murex Ramosus.	» 102-105.		980, 981.
*549	2	Murex Ramosus.	» 102-105.		980, 981.
550	3	Murex Ramosus.	» 102-105.		980, 981.
551	3	Murex Ramosus.	» 102-105.		980, 981.
552	3	Murex Ramosus.	»	105.	982–989.
*552	3	Murex Ramosus.	»	105.	982–989.
553	4	Murex Ramosus.	»	105.	982–989.
554	6	Murex Ramosus.	»	105.	982–989.
555	4	Murex Ramosus.	»	106.	995–997.
556	4	Murex Ramosus.	»	106.	995–997.
557	6	Murex Ramosus.	»	106.	995–997.
558	3	Murex Ramosus.	»	105.	990, 991.
559	5	Murex Ramosus.	»	105.	990, 991.
560	1	Murex Corn. Cerv. Rarior.			
561	1	Murex Corn. Cerv. Rarior.			
562	6	Murex Corn. Cerv. Spuria.			
563	1	Murex Ramosus *Variet. ?*			
564	8	Murex Monachus Capucinus.	XI.	192.	1849, 1850.
	2	Murex Purpurea Triquatra Ponderosa.	III.	110.	1029, 1030.
565	2	Murex Purpureum Subalatum.	»	111.	1033–1035.

			Tom.	Tab.	Fig.
N°. 566	5	Murex Purpureum Subalatum.	III.	111.	1036, 1037.
567	4	Murex Purpurea Subalata Varigata.	»	111.	1038.
568	4	Murex Foliatus:	X.	161.	1538, 1539.
569	1	Murex Foliatus.	»	161.	1538, 1539.
570	2	Murex Scorpio.	III.	106.	998–1001.
571	3	Murex Scorpio.	»	106.	998–1001.
572	2	Murex Scorpio.	»	106.	998–1001.
573	2	Murex Scorpio.	»	106.	1002, 1003.
574	2	Murex Scorpio.	»	106.	1002, 1003.
575	2	Murex Saxatilis.	»	107-108.	1006–1008.
576	3	Murex Saxatilis.	»	107-108.	1006–1008.
577	4	Murex Saxatilis.	»	107-108.	1006–1008.
578	4	Murex Crispatum.	XI.	187.	1802, 1803.
579	1	Murex Foliaceus.	IV.	139.	1297.
580	2	Murex Foliaceus.	»	139.	1297.
581	2	Murex Foliaceus.	»	139.	1297.
582	2	Murex Foliaceus.	»	139.	1297.
583	3	Murex Foliaceus.	»	139.	1297.
584	4	Murex Rana.	»	133.	1268–1273.
585	8	Murex Rana.	»	133.	1268–1273.
586	2	Murex Rana.	»	133.	1274, 1276.
	2	Murex Bufonius.	XI.	192.	1843–1646.
587	12	Murex Girinus.	IV.	127.	1224–1227.
588	3	Murex Lampas.	»	128.	1236, 1237.
589	4	Murex Lampas.	»	128.	1236, 1237.
590	4	Murex Lampas.	»	128.	1236, 1237.
591	1	Murex Femoralis.	III.	111.	1039.
592	3	Murex Femoralis.	»	111.	1039.
593	3	Murex Cutaceus.	»	118.	1085–1088.
	2	Murex Cutaceus.	X.	163.	1559–1566.
594	3	Murex Lotorium.	IV.	130.	1247·49·51·5…

			Tom.	Tab.	Fig.
N°. 617	3	Murex Melongena.	II.	40.	398-402.
618	4	Murex Babylonius.	IV.	143.	1331, 1332.
619	6	Murex Babylonius.	»	143.	1331, 1332.
620	8	Murex Babylonius Varia.		Vign. 39.	C.
621	1	Murex Javanus.	»	143.	1336-1338.
622	2	Murex Colus.	»	144.	1342.
623	3	Murex Colus.	»	144.	1342.
624	2	Murex Colus Nicobaricus Varigatus.	X.	160.	1523.
625	2	Murex Morio.	IV.	139.	1300, 1301.
626	5	Murex Morio.	»	139.	1300, 1301.
627	1	Murex Cochlidium.	X.	164.	1569.
	4	Murex Spirillus.	III.	115.	1069.
628	3	Murex Canaliculatus.	»	67.	742, 743.
629	1	Murex Carica.	»	67. et 69.	744, et 756, 757.
	1	Murex Perversus.	IX.	106.	900-903.
630	1	Murex Carica.	III.	67.	744-757.
	1	Murex Perversus.	IX.	106.	900-903.
631	1	Murex Carica.	III.	67.	744-757.
	2	Murex Perversus.	IX.	106.	900-903.
632	1	Murex Carica.	III.	67.	744-757.
	2	Murex Perversus.	IX.	103.	900-903.
633	2	Murex Rapa.	III.	68.	750-751.
	1	Murex Ficus Junior &c.	X.	193.	1854-1855.
634	1	Murex Aruanus.	IV. Pl. 143. Vign. 39. Fig. D.		
				Tab.	Fig.
635	4	Murex Antiquus.	»	138.	1292,93-96.
636	2	Murex Antiquus.	»	138.	1292,93-96.
637	3	Murex Argus.	»	127.	1223.
638	2	Murex Tritonis.	»	136.	1284, 1285.

			Tom.	Tab.	Fig.
Nº. 639	2	Murex Tritonis.	IV.	134.	1277–1283.
640	2	Murex Tritonis.	»	134.	1277–1283.
641	1	Murex Tritonus.	»	134.	1277–1283.
	2	Murex Pusio.	»	147.	1357.
	4	Murex Tulipa.	»	136.	1286–1291.
642	3	Murex Tulipa.	»	136.	1286–1291.
643	1	Murex Corona.	X.	161.	1526, 1527.
644	2	Murex Trapezium.	IV.	139.	1298, 1299.
645	3	Murex Trapezium.	»	140.	1310, 1311.
646	2	Murex Vespertilio.	»	142.	1323,24–26,27.
647	3	Murex Vespertilio.	»	142.	1323,24–26,27.
648	2	Murex Vespertilio.	X.	164.	1566, 1567.
649	4	Murex Tuba.	IV.	143.	1333 ?
650	2	Murex Tuba.	»	143.	1333 ?
651	2	Murex Infundibu- lum.	» Vign. 39.		A.
	3	Murex Poligona et Varia.			
652	2	Murex Candidus.	»	144.	1339.
653	1	Murex Candidus Va- riatus.			
	1	Murex Ansatus	»	144.	1340.
654	2	Murex Undatus.	»	145.	1343.
655	1	Murex Varia.			
656	7	Murex Vertagus.	»	156,57.	1479,80–82.
657	4	Murex Aluco.	»	156.	1476–1478.
658	1	Murex Vertagus Va- ria.			
659	4	Murex Mangos et Va- ria.			

Genus Trochus.

660	2	Trochus Niloticus.	V.	167.	1605–1609.
661	3	Trochus Niloticus.	»	167.	1605–1609.

			Tom.	Tab.	Fig.
Nᵒ. 662	6	Trochus Niloticus.	V.	167.	1605–1609.
663	2	Trochus Maculatus.	»	168.	1615, 1616.
664	3	Trochus Perspecti-vus.	»	172.	1691–1696.
665	6	Trochus Perspecti-vus.	»	172.	1691–1696.
666	{ 6	Trochus Hybridus.	»	173.	1702 1705.
	2	Trochus Perspectivus Stromineus.	»	172.	1669.
667	5	Trochus Pharaonis.	»	171.	1672, 1673.
668	3	Trochus Pharaonis et 2 Globulus Asper.	»	171.	1678.
669	4	Trochus Magus.	»	171.	1656–1660.
670	2	Trochus Solaris In-diae Orientalis.	»	173.	1700, 1701.
671	4	Trochus Solaris In-dia.	»	174.	1716, 1717.
672	2	Trochus Conus.	»	167.	1610.
673	6	Trochus Conspersus.	»	169.	1627.
674	10	Trochus Varia.			
675	{ 6	Trochus Radiatus.	»	170.	1640–1642.
	6	Trochus Varia.			
676	2	Trochus Indicus.	»	172.	1697, 1693.
677	1	Trochus Imperialis.	»	173.	1714, 1715.
678	{ 5	Trochus Vestiarius.	»	166.	1601, 1602.
	5	Trochus Varia.			
	11	Trochus Labio.	»	166.	1579–1581.
979	4	Trochus Tuber.	»	164.	1561-72-76.
680	11	Trochus Conulus.	»	166.	1583–1591.
681	1	Trochus Foveolatus.	»	161.	1516, 1517.
682	2	Trochus Diaphanus.	»	161.	1520, 1521.
683	1	Trochus Diaphanus, var.			

			Tom.	Tab.	Fig.
N°. 684	2	Trochus Iris.	V.	161.	1522, 1523.
685	2	Trochus Iris.	»	161.	1522, 1523.
686	2	Trochus Iris.	»	161.	1522, 1523.
	1	Trochus Rostratus.	»	161.	1524, 1525.
687	2	Trochus Imbricatus.	»	162.	1531–1533.
688	1	Trochus Virgineus.	X.	165.	1581, 1582.
	1	Trochus Dolliarius.	»	165.	1579, 1580.
689	4	Trochus Caelatus.	V.	162. 1536,37.	1636,37.
690	1	Trochus Cooky.	»	163.	1640–1651.
691	1	Trochus Cooky.	»	163.	1640–1651.
692	2	Trochus Fenestratus.	»	163.	1549, 1550.
	2	Trochus Varia.			
	2	Trochus Turbo.			
693	3	Trochus Argyrostomus.	»	165.	1562, 1563.
694	2	Trochus Sinensis.	»	165.	1564, 1565.
	8	Trochus Asper.	»	166.	1582.
695	7	Trochus Tessellatus.	»	166.	1584.
	2	Trochus Grandinatus.	X.	169.	1639.
696	2	Trochus Telescopium.	V.	160.	1507–1509.
697	3	Trochus Telescopium.	»	160.	1507–1509.
	9	Trochus Dolabratus.	»	167.	1603–1604.

Genus Turbo.

			Tom.	Tab.	Fig.
698	6	Turbo Littoreus.		187.	1852.
	5	Turbo Petholatus.	V.	183,84.	1826–1839.
699	8	Turbo Petholatus.	»	183,84.	1826–1839.
700	13	Turbo Petholatus.	»	183,84.	1826–1839.
701	11	Turbo Petholatus.	»	183,84.	1826–1839.

Nᵒ.			Tom.	Tab.	Fig.
702	15	Turbo Pethola-tus.	V.	183,84.	1826–1839.
703	1	Turbo Chrysostomus.	»	178.	1766.
	2	Turbo Nicobarica.	»	182.	1822–1825.
704	5	Turbo Chrysostomus.			
705	6	Turbo Tectum Per-sicum.	»	163.	1543, 1544.
	4	Turbo Pagodus.	»	163.	1541, 1542.
706	5	Turbo Calcar.	»	164.	1552, 1553.
707	5	Turbo Calcar.	»	164.	1552, 1553.
708	4	Turbo Rugosus.	»	180.	1782–1785.
709	2	Turbo Marmoratus.	»	179.	1775, 1776.
710	2	Turbo Marmora-tus.	»	179.	1775, 1776.
711	2	Turbo Sarmaticus.	»	179.	1777, 1778.
712	2	Turbo Olearius.	»	178.	1773, 1774.
713	3	Turbo Argenteum Cornutum.	»	179.	1779, 1780.
714	2	Turbo Radiatus.	»	180.	1788, 1789.
	2	Turbo Imperialis.	»	180.	1790.
715	1	Turbo Setosus.	»	181.	1795, 1796.
	3	Turbo Spinosus.	»	181.	1797.
716	2	Turbo Spengleria-nus.	»	181.	1801, 1802.
717	4	Turbo Crenulatus.	»	182.	1811, 1812.
	2	Turbo Smaragdus.	»	182.	1815, 1816.
718	9	Turbo Cidaris.	»	184.	1840–1847.
719	3	Turbo Pica.	»	176.	1750, 1751.
720	6	Turbo Pica.	»	176.	1750, 1751.
721	4	Turbo Argyrosto-mus.	»	177.	1758–1761.
722	4	Turbo Argyrosto-mus.	»	177.	1758–1761.

			Tom.	Tab.	Fig.
N°. 723	8	Turbo Argyrostomus.	V.	177.	1758-1716.
724	7	Turbo Versicolor.	»	176.	1740-1741.
	4	Turbo Varia.			
725	11	Turbo Delphinus.	»	175.	1727-1735.
726	4	Turbo Delphinus.	»	175.	1727-1735.
727	6	Turbo Delphinus.	»	175.	1727-1735.
728	4	Turbo Distortus.	»	175.	1737-1739.
729	1	Turbo Scalaris.	IV.	152,53.	1426,1427.
730	1	Turbo Scalaris.	»	152,53.	1426,1427.
731	1	Turbo Scalaris.	»	152,53.	1426,1427.
732	1	Turbo Scalaris.	»	152,53.	1426,1427.
733	2	Turbo Scalaris.	»	152,53.	1428,1429.
734	3	Turbo Scalaris.	»	152,53.	1428,1429.
735	6	Turbo Clathrus.			
	1	Turbo Principalis.	XI.	195. A.	1876.1877.
	5	Turko Principalis.	IV.	152.	1428,1429.
	12	Turbo Varia.			
736		Turbo Uva, Varia.			
737	3	Turbo Lincina.	IX.	123.	1060.
	4	Turbo Labeo.	»	123.	1061,1062.
738	3	Turbo Imbricatus.	IV.	152.	1422.
	1	Turbo Replicatus.	»	151.	1412.
	1	Turbo Acutangulus.	»	151.	1413.
739	4	Turbo Duplicatus.	»	151.	1414.
740	10	Turbo Terebra.	»	151.	1415-1419.
741	6	Turbo Bidens.	IX.	112.	965.
	1	Turbo Sulcatus.	»	135.	1231,1232.
		Turbo Varia.			

Genus Helix.

			Tom.	Tab.	Fig.
742	6	Helix Scarabaeus.	IX.	136.	1249-1253.
	5	Helix Lapicida.	»	126.	1197.

			Tom.	Tab.	Fig.
N°. 743	{ 1	Helix Cicatricosa.	IX.	109.	923.
	{ 1	Helix Algira.	»	125.	193-194.
744	7	Hilix Sinuata.	»	126.	1110-1112.
745	2	Helix Lucerna.	»	126.	1108, 1109.
746	3	Helix Carocolla.	»	125.	1090-1092.
747	3	Helix Carocolla.	»	125.	1090-1092.
748	2	Helix Cornu militare.	»	129.	1142, 1143.
749	3	Helix Pelis Serpentis.	»	125.	1095, 1096.
750	2	Helix Gualteriana.	»	126.	1100, 1101.
751	1	Helix Tricarinata.	»	126.	1103, 1104.
752	{ 2	Helix Marginella.	»	125.	1097.
	{ 5	Helix Cornea et Carocolla ?			
*752	2	Helix Labyrinthus.	XI.	208.	2043.
753	{ 2	Helix Cornu Arietis.	IX.	112.	952, 953.
	{ 4	Helix Effusa.	»	129.	1144, 1145.
754	3	Helix Ampulacea.	»	128.	1133-1136.
755	8	Helix Ampulacea.	»	128.	1133-1136.
756	2	Helix Pomatia.	»	128.	1138.
757	13	Helix Citrina.	»	131.	1167-1175.
758	{ 2	Helix Lactea.	»	130.	1161.
	{ 4	Helix Aspersa.	»	130.	1156-1158.
	{ 12	Helix Zonaria.	»	132.	1188, 1189.
759	{ 3	Helix Ungulina.	»	125.	1098, 1088.
	{ 4	Helix Fasciatus.			
760	{ 3	Helix Oblonga.	»	119.	1022, 1023.
	{	Helix Flammea.	»	119.	1024, 1025.
761	3	Helix Volvulus.	»	123.	1064-1066.
762	6	Helix Volvulus.	»	123.	1064-1066.
763	4	Helix Perversa.	»	110.	930 937.
764	5	Helix Perversa.	»	110.	930-937.
765	3	Helix Flammea Sinistrorsa.	»	110.	927.

Nº.			Tom.	Tab.	Fig.
766	4	Helix Dextra.	IX.	134.	1210-1212.
767	6	Helix Dextra.	»	111.	938-939.
	3	Helix Laeva.	»	111.	940-949.
768	1	Helix Jamaicensis.	»	129.	1140-1141.
	3	Helix Janthina.	V.	166.	1577, 1578.
	3	Helix Vivipara.	IX.	132.	1182, 183.
769	18	Helix Nemoralis.	»	132.	1196-1198.
	3	Helix Hortensis.	»	133.	1199-1201.
	5	Helix Picta.	»	130.	1162-1165.
770	4	Helix Haemastoma.	»	130.	1050-1054.
771	3	Helix Varia.			
772	3	Helix Cornu Gigantea.	XI.	208.	2051, 2052.
773	1	Helix Scalaris.	IX.	128.	1139.
	7	Helix Varia.			
	3	Helix Decollata.	»	136.	1224-1225.
774	3	Helix Tenera.	»	120.	1028-1030.
	3	Helix Columma.	»	112.	954, 955.
	2	Helix Papilla.	»	122.	1053, 1054.
	13	Helix Varia.			
	2	Helix Auricularia.	»	135.	1241-1242.
774	2	Helix Stagnalis.	»	135.	1237, 1238.
	3	Helix Ater.	»	135.	1229.
	5	Helix Amarula.	»	134.	1218-1219.

Genus Nerita.

Nº.			Tom.	Tab.	Fig.
776	18	Nerita Canrena.	V.	186.	1860-65-68-71.
777	21	Nerita Canrena.	»	187.	1878-80-85-93.
778	5	Nerita Glaucina.	»	186.	1856, 1857.
	4	Nerita Vitellus.	»	186.	1866, 1867.
779	2	Nerita Albumen.	»	189.	1924, 1925.
	7	Nerita Mammilaris.	»	189.	1928-1933.

			Tom.	Tab.	Fig.
Nº. 780	3	Nerita Melanostoma.	V.	189.	1926, 1927.
	6	Nerita Canrena?			
	5	Nerita Corona,	IX.	124.	1083, 1084,
781	2	Nerita Radula.	V.	190.	1946, 1947.
	40	Nerita Fluviatiles.	IX.	124.	1088. *a v.*
	4	Nerita Pulligera,	»	124.	1078–1079,
	2	Nerita Albicula.			
782	60	Nerita Polita.	V.	193,	2001-2014.
783	13	Nerita Peloronta.	»	192.	1977–1984,
	13	Nerita Histrio.	»	190-91.	1948,49-60,61.
784	14	Nerita Exuvia.	»	191.	1972, 1973.
	2	Nerita Textilis.	»	190.	1944, 1945.
	1	Nerita *Rariss.*			
785		Nerita Varia.			

Genus Haliotis.

			Tom.	Tab.	Fig.
786	3	Haliotis Midae.	I.	14.	136–141.
787	2	Haliotis Midae Varia.			
788	2	Haliotis Iris.	X.	167.	1612, 1613.
789	2	Haliotis Iris.	»	167.	1612, 1613.
790	2	Haliotis Gigantea.	»	167.	1610, 1611.
791	5	Haliotis Tuberculata.	I.	15-16.	145–149.
792	6	Haliotis Tuberculata.	»	15-16.	145–149.
793	7	Haliotis Varia.	»	15.	144.
794	7	Haliotis *Variet.*			
795	5	Haliotis Affinium.	»	16.	150.
796	2	Haliotis Imperforata.	X.	166.	1600, 1601.
796	4	Haliotis Glabra.	»	166.	1605, 1606.

			Tom.	Tab.	Fig.
N°. 797	2	Haliotis Ovina.	X.	166.	1603.
	4	Haliotis Rubra.	I.	14.	140.
798	8	Haliotis Neritoidea Varia.			

UNIVALVIA ABSQUE SPIRÂ REGULARI.

Genus Patella.

			Tom.	Tab.	Fig.
799	3	Patella Equestris.	I.	13.	119, 120.
800	3	Patella Equestris.	»	13.	119, 120.
801	5	Patella Equestris.	»	13.	125, 126.
802	7	Patella Sinensis.	»	13.	121–124.
803	12	Patella Fornicata.	»	13.	129–130.
804	3	Patella Aculeata.	X.	168.	1624, 1625.
	4	Patella Neritoidea.	I.	113.	133, 134.
	2	Patella Saccharina.	»	9.	70.
	4	Patella Granularis.	»	8.	61.
	2	Patella Urna.	»	5.	39. *b.*
805	7	Patella Laciniosa.	»	8.	66.
806	6	Patella Granatina.	I.	9.	71–74.
807	6	Patella Granatina.	»	9.	71–74.
808	7	Patella Granatina.	»	9.	71–74.
809	7	Patella Granatina.	»	10.	84 B.
	5	Patella Laciniosa Varigata.			
810	3	Patella Oculus Hirci.	»	10.	86.
811	3	Patella Magellanica.	»	5.	40. *a. b.*
812	5	Patella Magellanica.	»	5.	40. *a. b.*
813	5	Patella Magellanica.	»	5.	40. *a. b.*
814	7	Patella Magellanica.	»	5.	40. *a. b.*
815	2	Patella Sinica.	»	6.	44.
816	4	Patella Ungarica.	»	12.	107–108.
817	10	Patella Sanguinolenta.	»	7.	52, 53.

			Tom.	Tab.	Fig.
Nᵒ. 818	2	Patella Pellucida.	X.	168.	1620.
	3	Patella Testudinaria.	I.	6.	45–48.
819	8	Patella Tesdutinaria.	»	6.	45–48.
820	9	Patella Testudinaria.	»	6.	45–48.
821	5	Patella Compressa.	»	12.	106.
	6	Patella Notata.	X. *Vign.* 25.		C. D.
822	1	Patella Radians.	»	168.	1618.
	8	Patella Varia.			
823		Patella Varia.			
824	2	Patella Ambigua.	XI.	197.	1918.
		Patella Varia.			
825	9	Patella Vertice Perforato Varia.			
	2	Patella Picta.	I.	11.	90.

Genus Dentalium.

			Tom.	Tab.	Fig.
826	4	Dentalium Elephantinum.	I.	1.	5. A.
	12	Dentalium Aprinum.	»	1.	4. B.
	3	Dentalium Striatulum.	»	1.	5. B.

Genus Serpula.

			Tom.	Tab.	Fig.
827	1	Serpula Contortuplicata.	I.	3.	24. A.
828	6	Serpula Glomerata.	»	3.	23.
829	3	Serpula Lumbricalis.	»	2.	12. B.
830	5	Serpula Anguina.	»	2.	13. A. B. C.
831	2	Serpula Penis.	»	1.	7.
832	2	Serpula Penis.	»	1.	7.
833	5	Serpula Varia.			
834		Tectus Invalvus Varia.			

LITHOPHYTA.

Genus Tubipora.

N°. 835   3 Tubipora Musica.

Genus Madrepora.

836   {4 Madrepora Fungites.
      {1 Madrepora Lacera?
837   2 Madrepora Talpa.
838   2 Madrepora Pileus.
839   1 Madrepora Limax.
840   1 Madrepora Moeandrites.
841   {2 Madrepora Natans Varia.
      {1 Madrepora Amaranthus.
      {1 Madrepora Musicalis.
842   {3 Madrepora Agaricites.
      {1 Madrepora Fascicularis.
843   2 Madrepora Agaricites.
844   2 Madrepora Agaricites Varia.
845   {3 Madrepora Favosa.
      {1 Madrepora Punctata.
846   5 Madrepora Fascicularis.
847   3 Madrepora Porites.
848   {3 Madrepora Muricata.
      {1 Madrepora Fasciformis.
849   2 Madrepora Ramea.
850   3 Madrepora Virginea.

Genus Millepora.

851   4 Millepora Compressa?
852   2 Millepora Varia.
853   3 Millepora Fascialis.

Nº. 854 { 2 Millepora Clathrata.
         { 4 Millepora Cellulosa.
855   8 Millepora Varia.
856   1 Millepora Lanuginosa ?

ZOOPHYTA ET PHYTOZOA.

Genus Isis.

857   1 Isis Hippuris.
858   1 Isis Hippuris.
859   1 Isis Hippuris.
859   5 Isis Ochracea.
860   1 Isis Nobilis.
861   1 Isis Nobilis.
862   2 Isis Nobilis.
863   1 Isis Nobilis.

Genus Gorgonia.

864 { 1 Gorgonia Verticillaris.
    { 2 Gorgonia Placomus.
865   6 Gorgonia Abies.
866   3 Gorgonia Abies.
867   4 Gorgonia Ceratophyta.
868   3 Gorgonia Verrucosa.
869   4 Gorgonia Flagellosa.
870   1 Gorgonia Antipathes.
871   1 Gorgonia Antipathes.
872   1 Gorgonia Antipathes.
873 { 2 Gorgonia Rubata.
    { 2 Gorgonia Varia.
874   8 Gorgonia Varia.
875   5 Gorgonia Reticulum.
876   6 Gorgonia Flabellum.
877   6 Gorgonia Flabellum.
878   4 Gorgonia Varia ? ?

Genus Spongia.

Nº. 879 2 Spongia Flabelliformis.

880 {1 Spongia Infundibuliformis.
     {2 Spongia Varia.

881 3 Spongia Tubulosa.

881 {2 Spongia Oculata.
     {2 Spongia Varia ?

883 2 Spongia Varia.

884   Corallinae Varia.

885   Madrepora et Millepora, *var.* e Mont St. Petro.

886   Madrepora, Millepora et Gorgonia, Varia.

Genus Pennatula.

887 6 Pennatula Rubra.

888 13 Peunatula Sagitta.

PETRIFICATA.

889   Echinus Varia.

890   Echinus Varia.

891   Trigonia.

892   Bivalvus Varia et Invalvus.

893   Bivalvus Varia et Invalvus.

894   Bivalvus Varia et Cornu Ammonis.

895   Cornu Ammonis Varia.

896   Cornu Ammonis et Nautilius Varia.

897   Cornu Ammonis Bivalvus et Belemnite Varia.

898   Belemnite et Varia.

899   Fragmentum Encrinus et Varia.

900 1 Encrinus Lilium Lapideum.

901 1 Encrinus Lilium.

902 2 Encrinus Lilium Lapideum.

LAPIDES. STEENSOORTEN.

Hyacinthus et Cyrconius.

N°. 1   gekristalliseerde Hyacinth, in de Matrix?
benevens losse ruwe en geslepen Steen
van Ceylon, en een bakje met ruwe Zyr-
con van Ceylon.

Chrysolythus et Silex Olivinus.

2 { 2 geslepene Chrysolyten, van Ceylon.
1 stuk Olivin, of korlige Chrysolyth van
Ceylon.

Silex Granatus.

3   Diverse ruwe en geslepen Granaten, uit
verscheidene Landen, benevens 5 Stauratiet
Kristallen van Bretagne.

Robin.

4   4 geslepen Robijnen van Ceylon, benevens
1 geslepen Granaat-Oriental en 3 diverse

<hr>

Saphyrus.

Nº. 5 10 ruwe en geslepene Saphyren van Ceylon.

Topasius.

6 gekristalliseerde Topaas, in de Matrix, 2 losse Kristallen en 1 geslepen Steen uit Saksen, benevens 1 losse Kristal uit de Brasil.

7 gekristalliseerde Topaas, in de Matrix, 4 losse Kristallen en 2 geslepene uit Saksen en 2 Kristallen uit de Brasil.

8 gekristalliseerde Topazen, in de Matrix, 4 losse en 1 geslepen uit Saksen.

9 5 geslepen Topazen uit Saksen.

9 2 groepen gekristalliseerde witte Topazen, in quartz uit Siberien.

9 1 Groep gekristalliseerde witte Topazen, in quartz uit Siberien.

Smaragdus.

10 Smaragd, in de Matrix, van Peru.

11 Smaragd, in de Matrix, benevens 4 geslepene Steenen van Peru.

Beryllus.

12 edele Beril, in de Matrix, benevens 1 kristal en 2 geslepene uit Siberien.

13 edelen Beril, in de Matrix, 5 losse kristallen en 2 geslepene uit Siberien.

14 edelen Beril, in de Matrix, 4 losse kristallen en 1 geslepene uit Siberien.

15 edelen Beril, in de Matrix, 9 losse kristallen en 2 geslepene uit Siberien.

N°. 16   een Bak, waarin verscheidene Fragmenten
van Beril-Kristallen.

17 6 geslepene edele Berillen uit Siberien.

S c o r l u s.

Beryllus Schoerlaceus.

18 2 Schôrlachtige Berillen, van Altenberg in
Saksen.

19 2 zwarte Stangen-Schôrl corlus in quartz en
Veldspaat uit Bretagne.
1 zwarte Stangen-Schôrl in bruine glimmer,
uit Zwitserland.

20 5 zwarte Stangen-Schôrl in quartz en 1 in
glimmer, uit Bohemen en uit Zwitserland.

21 2 zwarte Stangen-Schôrl in Talk en groene
Straalsteen uit Tyrol, en 1 in glimmer-
Schiefer, van St. Godhard in Zwitserland.

22 3 gekristalliseerde zwarte Stangen-Schôrl,
waarbij van Groenland.

23 5 electrische Stangen-Schôrl; groene, bruine
en zwarte uit de Brasil en van Ceylon.

24 14 electrische Stangen-Schôrl van Ceylon.

L a p i s T h u m e n s i s.

25   gekristalliseerde Violet-Schôrl, van Dauphinée en groene Schôrl? in quartz van
Cornwall.

26   gekristalliseerde Violet-Schôrl uit Dauphinée.

27   gekristalliseerde Violet-Schôrl, met gekristalliseerde quartz uit Dauphinée.

28   gekristalliseerde Violet-Schôrl, met groene
Schôrl uit Dauphinée.

29 4 gekristalliseerde Violet-Sohôrl, met groene
Schôrl uit Dauphinée.

30 2 Violet- en Calcedon-kleurige Schôrl, uit
Dauphinée.

QUARTZUM. KIESELGESLACHT.

Amethystus.

Nº. 31 16 ruwe Amethyste Oriental.

Silex Quarzum Crystallus.

32 5 geslepene Kristallen van Ceylon.

33 16 geslepene Kristallen van Ceylon.

34 110 geslepene Kristallen van Ceylon.

35 1 Berg-Kristal uit Bohemen, en andere 9 stuks.

36 1 Berg-Kristal uit Zwitserland.

37 1 groote Groep Berg-Kristal uit Dauphinée.

38 1 groote Groep Berg-Kristal uit Dauphinée.

39 1 groote Groep Berg-Kristal uit Dauphinée.

40 1 Groep Berg-Kristal uit Dauphinée.

41 1 Groep Berg-Kristal uit Dauphinée.

42 2 Groep Berg-Kristal uit Dauphinée.

43 3 dubbele Pyramidale Berg-Kristal uit Dauphinée.

44 5 Berg-Kristallen uit Zwitserland.

45 2 Groepen tweepuntige rook- en melk- kleurige Berg-Kristal uit Zwitserland.

46 2 Groepen Berg-Kristal uit Zwitserland.

47 1 Groep Berg-Kristal en 3 losse Kristallen, met luchtblazen, uit Hongarijen.

48 4 Berg Kristallen met Asbest, uit Zwitserland.

49 Berg Kristal, met Kalkspaat, en 1 met Schörl, uit Dauphinée.

50 Diverse Berg-Kristallen, met IJzerglimmer en Schörlviolet, uit Groenland, Dauphinée, Zwitserland en Saksen.

51 4 Groepen Berg-Kristal, met Kloriet aarde en groene Straalsteen uit Zwitserland.

52 5 Berg-Kristallen, met arsenicaal pyriet en Kloriet aarde uit Saksen en Dauphinée.

N°. 53 1 doorgezaagde Kristal (morion) uit Bohemen.
Silex Quarzum Rhodites.

54 2 rozeroden Quartz uit Bijeren.
Silex Quarzum Commune.

55 2 Groepen gekristalliseerde Quartz uit Hongarijen.

56 2 Groepen gekristalliseerde Quartz uit Hongarijen.

57 3 Groepen gekristalliseerde Quartz uit Saksen en Hongarijen.

58 5 Groepjes gekristalliseerde Quartz uit Saksen en Hongarijen.

59 4 gekristalliseerde Quartz, waarbij met Bruinspaat, uit Hongarijen en Saksen.

60 gekristalliseerde Quartz uit Hongarijen.

61 1 zeer fijn gekristalliseerde Quartz, van
Frijberg in Saksen.

62 Violet-kleurige Quartz uit Hongarijen.

63 5 Violet-kleurige Quartz uit Hongarijen en
Frankrijk.

64 6 Violet-kleurige Quartz uit het Tweebrug-
sche.

65 5 gekristalliseerde Quartz uit Saksen.

66 2 gekristalliseerde Quartz uit Dauphinée en
Siberien.

67 6 gekristalliseerde Quartz uit Hongarijen en
Saksen.

68 6 gekristalliseerde Quartz uit Hongarijen en
Saksen.

*68 7 Avanturino uit Bohemen.

69 Diverse Quartz Nieren en gerolde Quartz.

*69 2 gekristalliseerde Quartz, met witte en gele
Topazen uit Siberien en Saksen.

Nº. 70 5 holle Quartz Kyen, van Oberstein.

71 6 droezige Quartz uit Frijberg in Saksen.

72 5 droezige Quartz uit Frijberg in Saksen.

73 2 Prasum van Breiten Brunn in Saksen.

74 2 Prasum van Breiten Brun in Saksen.

Silex Corneus et Pyromachus.

75 { 2 Hoornsteen uit Sneeberg in Saksen.
{ 5 Vuursteen van Karlsrûhe.

Chalcedonius.

76 5 Calcedon met Cagelon uit Ysland.

77 1 dropvormige Calcedon, en 4 met Quarta Kristallen uit Ysland.

78 7 Calcedon met Quartz Kristallen, uit Ysland en Saksen.

79 4 dropvormige Calcedon, op bruine IJzersteen, van Bayreuth.

80 10 Calcedon, waarbij met Asfaltum, uit Ysland en van Auvergne.

81 5 Calcedon met Cagelon, en met groene Dentrieten, uit Ysland.

82 7 Agaten Messenhechten uit Oostindien en Tweebrugge.

83 10 Boomsteentjes, Orientaalsche en Europesche.

84 18 Boomsteentjes, Orientaalsche en Europesche.

85 32 Boomsteentjes, Orientaalsche en Europesche.

86 Diverse geslepene Onyxsen, waarbij een Paternoster uit Oostindien.

87 7 Sardonyx van Ceilon.

88 13 Agaten Plaatjes, waaronder Orientaalsche.

89 16 Agaten Plaatjes, waaronder Orientaalsche.

90 2 aangeslepene Agaten van Overstein.

91 3 aangeslepene Agaten, waarbij rörenvormige, van Tweebruggen.

No. 92 2 aangeslepene Vesting-Agaten van Kemnitz
in Saksen.

93 2 Agaten, waarbij een Landkaart Agaat uit
Tweebrugge.

94 4 Agaten van Oberstein.

95 6 Agaten van Oberstein.

96 3 Oogagaten uit Tweebrugge.

97 5 Agaten, waarbij Trummer en Breczia, uit
Saksen.

98 6 diverse Agaten van Oberstein.

99 6 diverse Agaten van Oberstein en uit de
Paltz.

100 9 diverse Agaten uit Saksen en van Oberstein.

101 9 diverse Agaten uit Saksen Oberstein en
uit de Paltz.

102 1 Kommetje van Agaat, uit Tweebrugge.

103 1 Bak, waarin diverse gefatsoeneerde Agaten.

104 7 Jasp-Agaat van den Rhijn, benevens 2
Agaatkijen.

105 roode en gele Cornalijn uit Oost-Indie en
uit Siberien.

106 4 Helietrophus uit Bohemen.

107 9 Helietrophus uit Bohemen.

Silex Lythoxilon.

108 {3 versteend Hout, waarbij van Coburg.
{2 verkoold Hout, uit Moravien.

109 3 versteend Hout uit Thuringen en van Coburg in Saksen.

110 4 versteend Hout uit Bohemen en uit Saksen.

111 8 versteend Hout uit Bohemen en uit Thü-
ringen.

Nº. 112 14 versteend Hout uit Saksen en van Bohemen.

113 4 versteend Hout, waarbij uit Waladomir.

Chrysoprasius.

114 6 Chrysopras van Cosemitz in Silesien.
115 12 Chrysopras van Cosemitz in Silesien.

Silex Schistosus Lydius? Obsidianus et Catophtalinos seu asteria.

116 { 2 Lydische Steen?
{ 2 Lavaglas uit Ysland.
{ 28 Katoogen van Ceylon.

Prehnites.

117 7 Prehniet van Reichenbach.

Zeolith.

Silex Zeolithus Farinae Formis.
118 3 verweerde Zeolith uit Ysland.

Silex Zeolithus Fibrosus.
119 3 Faserige Zeolith uit Ysland.

Silex Zeolithus Lamellosus.
120 1 Bladerige Zeolith uit Ysland.
121 5 Bladerige Zeolith uit Ysland.
122 3 Bladerige Zeolith, op Bazalt, van Feroë in
Ysland.
123 6 Zeolith uit Ysland.
124 4 fijn gekristaltiseerde Zeolith, op Kalkspaat,
van St. Andreasberg op den Haartz.

Silex Cruciformes.
125 3 Kruissteen van St. Andreasberg op den
Haartz.

N°. 126 3 Kruissteen van St. Andreasberg op den Haartz.

127 {
   Silex Lazulus et Lapis Telcobanensis.
   3 Lazuursteen uit Persien.
   4 Wasopaal van Tokay.
   3 groenachtige Opaal van Cozemitz.

ARGILLA. TOONGESLACHT.

Argilla Porcellanaris.

128 porselein Aarde? uit Saksen.

Argilla Vulgaris.

129 2 gemeene Aarde, waarbij met Amalgama.

130 3 Lampjes en 1 anteke Urn uit een graf, te Athenen, benevens een antiek Beeldje.

131 3 stukjes van de Vloeren uit de stad Pompea in Napels.

Argilta vulgaris Schistosa.

132 8 gemeene Schifertoon, met afdrukken van Planten, uit Westphalen.

Jaspis.

Argilla Jaspis Aegyptiacus.

132 2 Jaspis van Caïro in Egypte.

Argilla Jaspis Fasciata.

134 4 Band-Jaspis uit Siberien.

135 3 Band-Jaspis uit Siberien en van Dilleburg.

136 3 Band-Jaspis van Gnautstein en van Dilleburg.

Argilla Jaspis Porcellanea.

137 2 Porselein-Jaspis van Lessa in Bohemen en 1 stuk gemeene Jaspis.

Argilla Jaspis Vulgaris.

138 3 gemeene Jaspis uit Saksen.

N°. 139 5 gemeene Jaspis uit Saksen.

140 7 gemeene Jaspis uit Saksen.

141 9 gemeene Jaspis uit Saksen.

142 5 gerolde Jaspis, waarbij roode uit Amerika.

Opalus.

Paederos.

143 3 edele Opaal, in de Matrix, uit Hongarijen.

144 3 edele Opaal, in de Matrix, uit Hongarijen.

Argilla Opalus Vulgaris.

145 3 gemeene Opaal, van Eibenstok in Saksen.

146 3 gemeene Opaal, van het Eiland Elba.

Argilla Opalus Vilis.

147 3 half Opaal, van Frijberg in Saksen.

148 3 half Opaal, van Eibenstok in Saksen.

149 4 half Opaal, waarbij met Calcedon, uit Ysland.

150 1 half Opaal met Calcedon? uit Ysland.

151 1 gemeene Opaal met chrysopras, van Cosemitz in Silesien.

152 7 diverse Opalen van Cosemitz.

153 6 diverse Opalen uit Saksen en van Cosemitz.

154 9 geslepene Steentjes van gemeene en half
Opaal.

Hydrophan Oculus Mundi.

155 5 veranderlijke Opalen, van Hubertzburg in
Saksen.

156 6 diverse Opalen in de Matrix.

157 *Argilla Opalus Lythoxylon et Argilla Pica.*
1 Hout-Opaal uit Hongarijen.
7 Piksteenen van Meissen in Saksen en uit
het Altaïsche Gebergte.

Nᵒ. 158 9 Piksteenen van Meissen in Saksen en uit
het Altaïsche Gebergte.

Feldspatum.

159 { *Argilla Feldspatum Vulgaris.*
     { 3 gemeene Veldspaat uit Saksen.
     { 5 groene Veldspaat.

160 7 gemeene Veldspaat, waarbij op Graniet
en Gneis, van St. Godhard en van Ba-
veno.

161 1 Veldspaat van de Kust van Labrador.

162 5 Veldspaat, van de Kust van Labrador.

163 9 Veldspaat, van de Kust van Labrador.

164 4 gekristalliseerde Veldspaat, van St. Godhard.

165 3 gekristalliseerde Veldspaat, van St. Godhard en uit Dauphinée.

166 { 2 gekristalliseerde en gerolde Veldspaat uit
     {   Dauphinée.
     { 2 groene Veldspaat in Quartz.

167 8 diverse Veldspaat, uit Dauphinée, van
St. Godhard en van Carlsbadt in Bohemen.

168 9 diverse gekristalliseerde en gerolde Veldspaat.

Argilla Schistosa.

169 4 graauwe en zwartachtige Lijen, met afdrukken van Visschen.

170 7 graauwe Lijen, met zwavelpijriet, uit Engeland.

Argilla Mica.

171 3 Glimmers, in gekristalliseerde Quartz, uit
Denemarken ?

N°. 172 { 7 diverse Glimmers, waarbij uit Siberien.
{ Spatum Varians.
{ 2 Schilerspaat van de Haartzeburg.

172 { Lapis Ollarius et Suber Montanum.
{ Topfsteen van Zôblitz in Saksen.
{ Bergkurk van Johann Georgenstad.

174 { Argilla Clorites et Basaltus.
{ Cloriet Aarde van Altenberg.
{ 3 gemeene Cloriet.
{ 3 Basalt met Calcedon?

Argilla Lava.

175 5 Lava van den Vesuvius bij Napels.

176 2 Lava, waarbij met Granaten van den Vesu-
vius bij Napels.

177 5 Lava met Granaten en Poreusen van den
Vesuvius.

178 6 diverse Lavaas.

179 6 diverse Lavaas.

180 Diverse Lavaas van den Vesuvius bij Na-
pels.

Lithomarga.

181 { 4 Steenmark van Planit, in Swikau en
eenige Aarden, welken bij Chrysopras
gevonden worden.
{ Argilla Saponaria.
{ 1 Bergzeep uit Polen.

TALCUM. TALKGESLACHT.

182 { Talcum Terrosum et Venetum.
{ Talkaarde en Talk uit Venetien.
{ Nepritus Communis et Nobilis.
{ 3 gemeene en edele Nimphriet.

N°. 183 { 6 Speksteen uit China.
{ 2 Serpentijnsteen van Zôblitz.

184 3 aangeslepene Serpentijnsteen uit Zôblitz.

185 { 3 Serpentijnsteenen van Altaî en uit Zôblitz.
{ 1 Serpentijnsteen met Asbest uit Tyrol.

Talcum Asbestus Amianthus.

186 { 4 Amianth uit Zwitserland.
{ 1 Bak met Amianth Zijde.
{ 2 Bakken met Amianth Zijde.

187 { 7 Amianth uit Dauphinée, Zweden en uit Bohemen.

188 5 Amianth uit Zweden en uit Bohemen.

189 { 1 Bakje met Amianth uit Bohemen.
{ *Talcum Asbestus Vulgaris.*
{ 8 gemeene Asbest uit Zweden en uit Tyrol.

190 { 3 gemeene Asbest uit Zweden en van Zô- blitz.
{ *Talcum Asbestus Lignosus.*
{ 1 Berghout uit Tyrol.

Talcum Cyanites Himantholithus.

191 4 Kyanith van St. Godhard.

192 6 Kyanith van St. Godhard.

193 { 1 Kyanith van St. Godhard.
{ *Talcum Actinotus.*
{ 3 groene Straalsteen van Breiten Brunn in Saksen.

Talcum Actinotus Vitriformis.

194 5 glasachtige Straalsteen van Dauphinée.

195 { 2 glasachtige Straalsteen, in Quartz uit Dau- phinée.
{ 3 glasachtige Straalsteen, in Talk, van St. Godhard.

N°. 196 { 3 glasachtige Straalsteen, in Quartz en groene Glimmer, van St. Godhard.
2 glasachtige Straalsteen met Amianth.

197 6 glasachtige Straalsteen, met Quartz en divers.

Talcum Tremolithus Communis.

198 3 gemeene Tremolith uit Zwitserland.

199 { 3 gemeene Tremolith uit Zwitserland.
Talcum Tremolithus Vitriformis.
2 glasachtige Tremolith van St. Godhard.

CALCAREUS. KALKGESLACHT.

Calcareus Marmordensum.

200 7 digte Kalksteen, met afdrukken van Visschen en met Dentriten van Sollenhoven.

201 7 diverse Marmers, waarbij met Dentriten en Ruinen, van Florence in Italie.

202 8 diverse Marmers, waarbij uit Italie.

203 5 diverse Marmers, waarbij met Ruinen, van Florence in Italie.

204 { 1 digte Kalksteen met Ammoniten.
2 Mossel-Marmer uit het Oostenrijksche.

205 3 digte Kalksteen met Dentriten, waarbij een Doeblet, uit Sollenhoven.

206 4 digte Kalksteen met Dentriten van Sollenhoven.

Calcareus Marmor Lamellosum Spathum.

207 1 Kalkspaat uit Ysland.

208 3 gekristalliseerde Kalkspaat van den Haartz.

209 4 kubiekvormige Kalkspaat uit Zwitserland.

210 3 kolomvormige Kalkspaat van St. Andreasberg op den Haartz.

Nº. 211 3 kolomvormige Kalkspaat van St. Andreasberg op den Haartz.

212 6 kolomvormige Kalkspaat van St. Andreasberg op den Haartz.

213 { 3 kolomvormige Kalkspaat van St. Andreasberg op den Haartz.
{ 2 Kalkspaat, waarvan de eene op Quartz,
uit Dauphinée.

214 3 Kolomvormige Kalkspaat, waarbij met
Zwavelpijriet, van Frijberg in Saksen.

215 1 groote Groep gekristalliseerde Kalkspaat,
van den Haartz.

216 2 gekristalliseerde Kalkspaat, van den Haartz
en een uit Engeland.

217 { 3 gekristalliseerde Kalkspaat, uit Engeland
en van Frijberg in Saksen.
{ 1 gekristalliseerde Kalkspaat, met Zwavelpijriet, van Derbyschyre.

218 { 1 gekristalliseerde Kalkspaat, met Zwavelpijriet, van Derbyschyre.
{ 3 gekristalliseerde Kalkspaat, waarbij Quartz,
van Dauphinée en van den Haartz.

219 3 gekristalliseerde Kalkspaat, waarbij punt-
achtige, uit Ysland, en met Zwavelpijriet
van Derbyschyre.

220 5 gekristalliseerde Kalkspaat, van Derbyschyre, uit Saksen en van den Haartz.

221 1 gekristalliseerde Kalkspaat, van Derbyschyre, en een met Zeolith van St. Andreasberg op den Haartz.

222 5 gekristalliseerde Kalkspaat, van den Haartz
en van Lancashire.

223 5 gekristalliseerde Kalkspaat, van Derbyschyre, uit Saksen en Hongarijen.

N°. 224 {
5 gekristalliseerde Kalkspaat, uit Saksen, van den Haartz en uit Ysland.
1 gekristalliseerde Kalkspaat, met Loodglans en bruine Blende uit Engeland.

225 6 gekristalliseerde Kalkspaat, waarbij met Zwavelpijriet, van Frijberg in Saksen.

226 7 gekristalliseerde Kalkspaat, waarbij in ijzerhoudende Zandsteen, uit Frankrijk.

227 3 gekristaliseerde Kalkspaat, uit Saksen en van den Haartz.

228 7 gekristalliseerde Kalkspaat, uit Saksen en van den Haartz.

229 {
6 diverse Kalkspaten uit Saksen, en van den Haartz.
2 Kalkspaat droese.

230 3 gekristalliseerde Kalkspaat van den Haartz.

231 9 gekristalliseerde Kalkspaat, uit Saksen en Engeland.

132 8 gekristalliseerde Kalkspaat, waarbij op Quartz, en op Vloeispaat, uit Saksen, van den Haartz en uit Hongarijen.

233 2 gekristalliseerde Kalkspaat, uit Saksen en van den Haartz.

234 3 Romboithale Kalkspaat, met zand gein- crusteerd, van Fontainebleau.

235 1 Romboithale Kalkspaat, met zand gein- crusteerd van Fontainebleau.

236 {
gekristalliseerde Kalkspaat, met pijreit en ijzerspaat, van Clausthal.
Satijnspaat uit Engeland.
Schalige Kalkzinter uit Karlsbad en di- vers.

237 2 dropvormige Kalksteenen uit het Hol van Antiparos.

N°. 238 3 dropvormige Kalksteen, uit het Hol van
Antiparos en uit Bayreuth.

239 5 dropvormige Kalksteen, waarbij uit Engeland.

240 4 dropvormige Kalkzinter, van den Montmartre en uit Languedoc.

241   dropvormige Kalkzinter, van Hittenberg in
Styrien.

242 2 dropvormige Kalkzinter, van Hittenberg
en uit een Kopermijn bij Visbach.

243 2 dropvormige Kalkzinter, uit een Kopermijn bij Visbach.

244 2 dropvormige Kalkzinter, van den Haartz
en uit Tyrol.

245 6 dropvormige Kalkzinters, waarbij uit Engeland.

246 7 dropvormige Kalkzinters, waarbij van den
Haartz en uit Thuringen.

247   geincrusteerde Takken van Tyvolie.

248 { 4 Kalkzinter, waarbij met Cobalt-Oker van
Riggelsdorf in Hessen, en van den Mont-
martre.
Diverse Incrustaties uit Tyvolie en uit het
Meer van Rakanje.

249 5 Incrustaties uit het Carlsbad.

250   Diverse Incrustasies, waarbij uit Thurin-
gerland.

251 2 Incrustaties uit de Duitsche Zoutwerken.

252 { *Calcareus marmor Pisolithus.*
2 Erwtensteenen uit Carlsbad.
Roggesteen en verharde Kalkmergel, met
afdrukken van Bladen.

253   Erwtensteenen uit Carlsbad, Roggesteen
en verharde Kalkmergel.

12

N°. 254 4 Bruinspaat uit Hongarijen en uit Saksen.
255 7 Verharde Kalkmergel uit Thuringen en van Coburg.

Apatitus.

1 *Calcareus Apatitus Vulgaris.*

256 { Gemeene Apatiet van Ehrenfriedersdorf in Saksen.

3 Arragoniet.

Fluor. Vloeispaat.

1 *Calcareus Fluor Spatosus.*

257 4 aangeslepene Vloeispaat, van Derbyshire.

258 4 gekristalliseerde Violet en Topaaskleurige Vloeispaat van Gersdorf.

259 {
2 gekristalliseerde Vloeispaat, geel- en groenachtig van kleur, van Gersdorf in Saksen.
1 gekristalliseerde Vloeispaat met loodglans, van Derbyshire.

260 4 gekristalliseerde Vloeispaat, waarbij met loodglans, van Derbyshire.

261 {
2 gekristalliseerde Vloeispaat, waarbij met loodglans, van Derbyshire.
2 gekristalliseerde Vloeispaat, waarbij met Zwaarspaat, van Gersdorf en uit Engeland.

262 {
3 gekristalliseerde Vloeispaat, waarbij met loodglans, van Derbyshire.
3 gekristalliseerde Vloeispaat, met Quartz en Zwavelpijriet, van Gersdorf in Saksen.

263 {
4 gekristalliseerde Vloeispaat, met Quartz en Zwavelpijriet, van Gersdorf in Saksen.
3 gekristalliseerde Vloeispaat, waarbij met Kalkspaat, uit Frankrijk en Engeland.

Nº. 264 7 gekristalliseerde Vloeispaat, waarbij met gekristalliseerde Quartz, van Gersdorf in
Saksen en uit Engeland.

265 5 gekristalliseerde Vloeispaat, met Quartz en
Zwaarspaat, uit Saksen.

266 7 gekristalliseerde Vloeispaat, waarbij met
Quartz en Kalkspaat, uit Saksen en Engeland.

267 4 gekristalliseerde Vloeispaat, waarbij met
loodglans van Derbyshire en met Quartz
en Zwavelpijriet, uit Saksen.

268 6 gekristalliseerde Vloeispaat, waarbij uit Saksen, en met loodglans, uit Engeland.

269 9 gekristalliseerde Vloeispaat, waarbij met
loodglans en Zwavelpijriet, van Annaberg
in Saksen en uit Engeland.

*269 10 gekristalliseerde Vloeispaat, waarbij met
Zwaarspaat en loodglans, uit Saksen en
Engeland.

Gypsum. Gips.

Calcareus Gypsum Aequabile Densum.

270 7 digte Gips van Arragon in Spanje, Engeland en uit Thuringen.

Calcareus Gypsum Lamellosum.

271 3 gekristalliseerde bladerige Gips, uit Nor-
mandye.

272 12 gekristalliseerde bladerige Gips, uit het
Badensche en van Oxfortshire in Engeland.

273 5 gekristalliseerde bladerige Gips, waarbij op
digte Gips en met Oker, uit het kanton
Bern en uit het Badensche.

N°. 274 12 diverse gekristalliseerde Gips, waarbij uit
Zwitserland en Italien.

275 6 gekristalliseerde Gips, uit het Badensche
en Zwitserland.

Calcareus Gypsum Fibrosum.

276 5 vazerige Gips, uit Thuringen, Zwitserland
en Languedoc.

277 3 vaserige Gips, uit Zwitserland en Italie.

Calcareus Selenites.

278 6 gekristalliseerde Gips, waarbij van de Montmartre bij Parijs, en uit Arragon in
Spanje.

279 4 diverse Gipsen, waarbij uit het Ambt Lau-
wenstein bij Hanover.

280 5 diverse Gips, waarbij van den Montmartre
en uit Hanover.

Barytes. Zwaarspaat.

Barytes Vitriolatus Testaceus.

281 3 gekristalliseerde Zwaarspaat, van den Haartz
en uit Saksen.

282 2 gekristalliseerde Zwaarspaat, van den Haartz.

283 4 gekristalliseerde Zwaarspaat, van den Haartz
en uit Saksen.

284 4 gekristalliseerde Zwaarspaat, waarbij met
Quartz Kristallen, uit Saksen en van den
Haartz.

285 3 gekristalliseerde Zwaarspaat, waarbij met
Quartz, van den Haartz, uit Hongarijen
en groenkleurige uit Saksen.

286 4 gekristalliseerde Zwaarspaat, waarbij van
Iberg op den Haartz en groenachtige van
Marienberg in Saksen.

N°. 287 4 gekristalliseerde Zwaarspaat, waarbij groenachtige uit Saksen en van Iberg op den
Haartz.

288 6 gekristalliseerde Zwaarspaat, van den Haartz
en uit Saksen.

289 2 gekristalliseerde Zwaarspaat, met Quartz en
Zilverswärtse, van Almade in Spanje.

290 6 gekristalliseerde Zwaarspaat uit Saksen, van
den Haartz en uit Engeland.

291 4 gekristalliseerde Zwaarspaat, uit Saksen en
van den Haartz.

292 4 gekristalliseerde Zwaarspaat, van den Haartz
en uit Hongarijen.

293 2 gekristalliseerde Zwaarspaat, uit Hongarijen.

294 6 gekristalliseerde Zwaarspaat, waarbij uit
Saksen en Hongarijen.

295 6 gekristalliseerde Zwaarspaat, waarbij van
Iberg op den Haartz.

296 6 gekristalliseerde Zwaarspaat, uit Saksen en
Hongarijen.

297 7 gekristalliseerde Zwaarspaat, uit Hongarijen, van den Haartz en groenachtige van
Marienberg.

298 4 gekristalliseerde Zwaarspaat, uit Hongarijen
en van Iberg op den Haartz.

299 3 gekristalliseerde Zwaarspaat, uit Saksen.

300 { 7 gekristalliseerde Zwaarspaat, uit Saksen en
Iberg op den Haartz.
1 Stangenspaat van Lorensgegentrom, bij Frijberg in Saksen.

301 { 6 gekristalliseerde Zwaarspaat, uit Saksen en
van den Haartz.
1 Stangenspaat van Lorensgegentrom bij Frijberg in Saksen.

No. 302 {
5 gekristalliseerde Zwaarspaat, uit Saksen en van den Haartz.
1 Stangenspaat van Lorensgegentrom bij Frij-berg in Saksen.

303 {
3 gekristalliseerde Zwaarspaat, uit Saksen en van den Haartz.
1 Stangenspaat van Lorensgegentrom in Saksen.
2 Bolognescher Steenen.
1 Strontianites uit Schotland.

GEBERGSOORTEN.

304   7 diverse Granieten, uit verscheidene Landen.
305   9 diverse Granieten, uit verscheidene Landen.
306   5 diverse Granieten, en 2 stukken Gneis.
307   3 Gneis, en 4 Glimmerschiefer.
308   6 Graniet, Gneis en Glimmerschiefer.

309 {
1 Sijanith.
2 groenachtige Porphyr uit Siberien.

310   7 diverse Porphyren, waarbij groene uit Italien, en roode uit Griekenland.

311 {
Pechsteen Porphyr, en opgeloste Pechsteen ?
Basalt, uit het Graafschap Hanau.
Wakken van Saarbruck.

312 {
2 Amandelsteenen van Verona.
2 Breczia uit Saksen, en 2 Quartzachtige Zandsteen.
1 Poddingsteen van Hardfordshire.

313   3 Poddingsteen van Annaberg in Saksen, en uit Engeland.

314   7 diverse Brecziaas en Poddingsteenen, waarbij uit de Nederlanden en uit Saksen.

Salia Varia.

315   eene Lade, waarin diverse Zouten.

BETUMEN. BRANDBARE STOFFEN.

Betumen Asphaltum.

N°. 316 { 5 end Pik met Drop-Calcedon.
{ 2 elasticke Federhartz.

Betumen Succinum.

317 5 Barnsteen.

318   Licht en donkergeel gevlamde Barnsteen, in de manier van eene Bloem bewerkt.

319 3 Barnsteen en 4 Gomcopaal.

Betumen Gagates.

320 { Gagaat, waarbij met graauwe Kalksteen en Zwaarspaat uit het Wurtenbergsche.
Berg-Wierook van Appenzell in Zwitserland.

Sulphur. Zwavel.

Sulphur Nativum.

321   Natuurlijke Zwavel, gekristalliseerd in dito Kalkspaat, en verharde klei, uit Wielitska in Polen.

322 2 Natuurlijke Zwavel, in gekristalliseerde Gips, uit Spanje.

323 4 Natuurlijke Zwavel, in Kalkspaat en in Gips.

324 5 Natuurlijke Zwavel, in Kalkspaat en in Gips, benevens Zwavel, uit de Vesuvius bij Napels.

325 1 Natuurlijke Zwavel in Kalkspaat.

326   een Lade, waarin diverse voortbrengselen van den Vesuvius.

Graphites.

*327 3 Podlood, uit Engeland.

MINERRA METAALSOORTEN.

Platina.

Platinum Nativum.

N°. 327 1 Fleschje met gezuiverde Platina.

Aurum. Goud.

Aurum Nativum,

328 1 gedegen Goud in Quartz van Sumatra, (*zeer rijk.*)

329 1 gedegen Goud in Quartz van Sumatra, (*zeer rijk.*)

330 1 takvormig gedegen Goud, in gekristalliseerde Quartz, van Transilvanien.

331 1 mosaehtig gedegen Goud op Quartz, van Lorette in Transilvanien.

332 1 gekristalliseerd Goud in Quartz, van Transilvanien.

333 1 gekristalliseerd Goud in Quartz, van Transilvanien.

334 1 lintvormig gedegen Goud in Quartz, uit Hongarijen.

335 1 dentrietvormig gedegen Goud in Quartz, van Transilvanien.

336 1 dentriet- en bladvormig gedegen Goud in Quartz, van Transilvanien.

337 1 bladvormig gedegen Goud, op Quartz en Horensteen, uit Hongarijen.

338 1 bladvormig gedegen Goud in Quartz, met bruine Blende, van Transilvanien.

339 1 bladvormig gedegen Goud in Quartz, met bruine Blende, van Transilvanien.

Nº. 340 1 bladvormig gedegen Goud, in Thonschie-
fer en gele Oker, van Zevenbergen.

341 1 bladvormig gedegen Goud in Quartz, van
Transilvanien.

342 1 bladvormig gedegen Goud in Quartz, van
Transilvanien.

343 1 bladvormig gedegen Goud in Quartz, van
Transilvanien.

344 1 dentrietvormig gedegen Goud, in Quartz,
van Zevenbergen.

345 1 dentrietvormige gedegen Goud, in Quartz,
van Zevenbergen.

346 1 bladvormige gedegen Goud, in Quartz,
met Loodglans en Blende, van Cremnitz in
Hongarijen.

347 3 gedegen Goud, waarbij uit Hongarijen.

348 5 gedegen Goud, waarbij uit Hongarijen.

349 6 dentrietvormig gedegen Goud, in Quartz,
uit Hongarijen, (zijnde geslepen Steentjes.)

350 2 bladvormig gedegen Goud, in Quartz,
van Zevenbergen.

351 5 gedegen Goud in Quartz, van Sumatra.

352 2 dentrietvormig gedegen Goud, in Quartz,
van Zevenbergen.

353 2 dentriet- en bladvormig gedegen Goud, in
Quartz, van Transilvanien.

354 2 gedegen Goud in Quartz, uit Hongarijen.

355 5 gedegen Goud in Quartz, uit Hongarijen.

356 3 gedegen Goud in Quartz, uit Hongarijen.

357 3 gedegen Goud in Quartz, waarbij van
Borneo.

358 4 gedegen Goud, in Quartz met Oker, en
in Kalk, uit Siberien.

No. 359 2 Fleschjes met gedegen Goud, van het Eiland
Boruso en van Zevenbergen.

360 2 Fleschjes met gedegen Goud, van Sumatra.

361 3 gedegen Goud in Quartz, met Zwavel en
Arsenicaalkies, van Transilvanien.

362 4 gedegen Goud in Leverpijriet en Quartz,
uit Siberien.

363 1 gedegen Goud in Kalkspaat, met eenige
zilverglans Erts, van Stangenberg in Siberien, benevens eenige Fleschjes met goud
houdend Zand.

Aurum Mineralisatum Nagyagense.

364 1 bladerig graauw Goud of Tellurium, in
rooden luchtzuren Bruinsteen, van Nagyag
in Zevenbergen.

365 2 bladerig graauw Goud of Tellurium, in
rooden luchtzuren Bruinsteen, van Nagyag
in Zevenbergen.

366 1 klein bladerig graauw Goud of Tellurium,
in rooden luchtzuren Bruinsteen, van Nagyag in Zevenbergen.

367 1 klein bladerig graauw Goud of Tellurium,
in rooden luchtzuren Bruinsteen, van Nagyag in Zevenbergen.

Aurum Graphicum.

368 1 prismatiek wit Goud Erts? met berggroen,
van Offen Banya in Zevenbergen.

369 1 prismatiek wit Goud Erts? met berggroen,
van Offen Banya in Zevenbergen.

370 1 prismatiek wit Goud Erts? met berggroen,
van Offen Banya in Zevenbergen.

Hydrargyrum. Kwikzilver.

Hydrargyrum Nativum.

N°. 371 1 gedegen Kwikzilver in Zwaarspaat, met verharde Thonaarde en hoogroode Zinaber, van Stahlberg.

372 2 gedegen Kwikzilver in Zinaber en Kalkspaat, ven Mossellandsberg.

373 1 gedegen Kwikzilver met Zinaber en Toonaarde, van Wolfstein en 1 met hoogroode Zinaber, van Idria.

374 1 gedegen Kwikzilver, met eenig Hoorn-Erts in verharde Klei met Zinaber, van Stahlberg in de Paltz, en 1 in okerachtige Kalksteen, benevens een Fleschje met natuurlijke Kwik.

375 1 gedegen Kwikzilver in Zinaber, van Idria.

376 4 gedegen Kwikzilver in Zinaber en Thonaarde.

377 2 gedegen Kwikzilver in Zinaber en gekristalliseerde Quartz, van Almaden in Spanje, en met stralige roode IJzersteen.

378 2 gedegen Kwikzilver in Zinaber en verharde Thon, van Stahlberg.

379 1 gedegen Kwikzilver, in bontlkeurig IJzer en Kalkspaat, en 2 met Zinaber en verharde Thon, van Stahlberg.

Hydragyrum Argentatum.

380 { 1 natuurlijke Amalgama in gekristalliseerde donkerroode Zinaber, van Stahlberg, benevens een Fleschje met Amalgama.
{ 1 Trunculus Argenti Virginis Mexicani etc.

381 2 natuurlijke Amalgama in Kalkspaat en verharde Thon, van Stahlberg.

Nº. 382 2 natuurlijke Amalgama in Kalkspaat en verharde Thon, van Stahlberg.

383 3 natuurlijke Amalgama in Kalkspaat en verharde Thon, van Stahlberg.

384 2 natuurlijke Amalgama in Kalkspaat en verharde Thon, van Stahlberg.

385 5 natuurlijke Amalgama in Kalkspaat en verharde Thon, van Stahlberg.

Hydrargyrum Mineralisatum Corneum.

386 2 Kwikzilver Hoorn-Erts, van Mossellandsberg.

387 2 Kwikzilver Hoorn-Erts, van Mossellandsberg.

388 1 Kwikzilver Hoorn-Erts, van Mossellandsberg.

389 1 Kwikzilver Hoorn-Erts, van Mossellandsberg.

390 1 Kwikzilver Hoorn-Erts, van Mossellandsberg.

*Hydrargyrum Mineralisatum Hepaticum,
Densum.*

391 1 digt Kwikzilver Lever-Erts van Idria.

*Hydrargyrum Mineralisatum Hepaticum,
Schistosum.*

392 2 Schieferige Kwikzilver Lever-Erts, van
Idria.

Hydrargyrum Cinnabaris Vulgaris.

393 2 donkerroode Zinaber, van Almade in
Spanje.

394 2 donkerroode Zinaber, van Almade in
Spanje.

N°. 395   2 donkerroode Zinaber, waarbij van Keur-
          paltz, en een met Zwavelkies, uit Spanje.

396   3 donkerroode Zinaber, met Quartz, Zwaar-
      spaat en Zwavelpijriet.

397   3 donkerroode Zinaber; met gedegen Kwik-
      zilver en verharde Mergel, en in Cellu-
      leuse Quartz en Grijs Zilver, uit Hon-
      garijen.

398   2 donkerroode Zinaber, in gekristalliseerde
      Zwaarspaat.

399   2 donkerroode Zinaber, in Quartz en in
      Kalksteen met Zwavelpijriet, uit Grein-
      bach in het Tweebrugsche.

400   4 roode Zinaber, in Quartzachtige Matrix,
      met IJzer-Oker en in verharde Thon.

Hydrargyrum Cinnabaris Striata Vermicula.

401   1 hoog roode Zinaber, in Kalksteen met zwa-
      velpijriet, uit de Paltz.

402   1 hoog roode Zinaber, in Kalksteen, en eenige
      Zwaarspaat.

403   2 hoogroode Zinaber, in ijzerachtige Kalk-
      steen.

404   3 hoogroode Zinaber, waarbij met donker
      roode Zinaber.

405   3 hoogroode Zinaber, in IJzersteen, met eenige
      Kalkspaat, uit de Paltz.

406   4 hoogroode Zinaber, waarbij met donker
      roode Zinaber, IJzersteen en Kalksteen,
      in Zwavelpijriet.

407   4 hoogroode Zinaber; in Kalk- en IJzer-
      steen.

408   1 Bak, waarin diverse Zinabers.

409   1 Bak, waarin diverse Zinabers.

No.º 410 {
2 hoogroode Zinaber, in Quartz met digte Kalksteen en Zwavelpijriet, uit Tweebrug-gen.

1 hoogroode Zinaber, in Quartz met donker roode Zinaber en Mineralische Moor.

411 3 hoogroode Zinaber, in IJzersteen en Oker, en een in Kalksteen.

412 {
3 hoogroode Zinaber, in verharde Klei en met Zwaarspaat.

5 diverse Zinabers, waarbij op verharde Toon.

Argentum. Zilver.

Argentum Nativum Vulgare.

413 1 gedegen Zilver in Kalkspaat, van Konings-berg in Noorwegen.

414 1 takvormig gedegen Zilver in Kalkspaat, uit Koningsberg in Noorwegen.

415 1 gedegen Zilver met gekristalliseerd Rood-gulde, van Hemelfursten, bij Fryberg in Saksen.

416 1 gedegen Zilver in Kalkspaat, uit Noor-wegen.

417 1 gedegen Zilver in Kalkspaat, uit Noor-wegen.

418 1 gedegen Zilver in Kalkspaat, met Fluor, van Annaberg in Saksen.

419 1 gedegen Zilver, in Quartz van Peru.

420 1 dendrietvormige gedegen Zilver in Kalk-spaat, van Hemelsfursten, bij Fryberg in Saksen.

421 1 gedegen Zilver in Quartz, van Peru.

422 2 gedegen Zilver in Zwaarspaat, waarvan de eene met Cobalt Beslag, van Annaberg in Saksen.

Nº. 423   2 gedegen Zilver in Kalkspaat, met glans
        Erts, van Koningsberg in Noorwegen.

424   2 gedegen Zilver in Quartz, van Peru.

425   1 gedegen Zilver in Kalkspaat, met Vloei-
        spaat, uit Saksen.

426   2 gedegen Zilver in Kalkspaat, uit Noor-
        wegen.

427   2 gedegen Zilver in Kalkspaat, van Konings-
        berg in Noorwegen.

428   3 gedegen Zilver in Kalk- en Vloeispaat,
        uit Saksen.

429   2 gedegen Zilver, waarbij bladvormig, op
        Glimmer Schiefer.

430   2 gedegen Zilver in Zwaarspaat, van He-
        melsfursten, bij Fryberg in Saksen.

431   2 gedegen Zilver in Quartz, uit Mexico.

*431   1 gedegen Zilver in Quartz en 1 in Kalk-
        spaat.

432   2 gedegen Zilver in Zwaarspaat, van Hemel-
        fursten, bij Fryberg in Saksen.

433   2 gedegen Zilver in Zwaarspaat, van Hemel-
        fursten, bij Fryberg in Saksen.

434   2 gedegen Zilver in Zwaarspaat, van Hemel-
        fursten, bij Fryberg in Saksen.

435   2 gedegen Zilver in Kalkspaat, uit Saksen.

436   3 gedegen Zilver in Quartz, uit Mexico en
        in Zwaarspaat, uit Hemelfursten, bij Fry-
        berg, en in Kalkspaat, uit Noorwegen.

437   1 gedegen Zilver in Kalkspaat met Zwavel-
        pijriet, van Fryberg in Saksen.

438   4 gedegen Zilver in Quartz, van Mexico en
        in Zwaarspaat, uit het Furstenbergsche.

439   4 gedegen Zilver, waarbij in Zwaarspaat, uit
        het Furstenbergsche.

N°. 440 2 gedegen Zilver, met Glans-Erts, van Sneberg in Saksen en in Kalkspaat.

441 2 gedegen Zilver in Kalkspaat, van Furstenberg, benevens eenige lossen Takjes, uit
Koningsberg in Noorwegen.

442 1 bladerig en dentrietvormig gedegen Zilver
in Quartz, met Kalkspaat, uit Zweden.

443 3 gedegen Zilver, waarbij in Kalkspaat, met
eenige Blende en Zwavelpijriet.

444 3 gedegen Zilver, waarbij in Quartz, met
roode Hoornsteen, uit Saksen en in Quartz,
uit Peru.

*444 6 gedegen Zilver in Quartz, met roode Hoorn-
steen van Johann Georgenstadt, in Saksen.

445 2 draadvormig gedegen Zilver in Quartz, met
Hoornsteen en in Quartz met Cobalt, uit
Saksen.

446 2 gedegen Zilver in Quartz en in Vloei- en
Zwaarspaat, uit Saksen.

*446 3 gedegen Zilver, waarbij met eenige Glans-
Erts en Cobalt, van Annaberg in Saksen.

447 4 gedegen Zilver, waarbij haarvormig in Quartz.

448 2 gedegen Zilver, in Quartz en Zwavelpijriet

449 { 1 gedegen Zilver, op graauwachtige Hoornsteen.
{ 3 bladvormig Zilver in Quartz.

450 1 haarvormig gedegen Zilver, op schieferige
Hoornsteen, uit Siberien.

451 2 dentrietvormig gedegen Zilver in Quartz,
en in Kalkspaat, uit Saksen.

452 6 gedegen Zilver in Quartz en in Kalkspaat.

453 1 gedegen Zilver, in gekristalliseerde Vloei-
en Zwaarspaat, met loodglans, uit Saksen,
en 2 in Quartz en Kalkspaat.

N°. 454 { 1 gedegen Zilver in Quartz, met Hoornsteen van Johann Georgenstad in Saksen.
1 gedegen Zilver, met Glans-Erts, uit Siberien.

455 3 gedegen Zilver, waarbij in Jaspis en in Hoornsteen uit Saksen.

456 1 gedegen Zilver, in Vloei- én Zwaarspaat van Furstenberg.

457 2 gedegen Zilver, in Kalk en Zwaarspaat uit het Furstenbergsche.

458 { 1 haarvormig gedegen Zilver, in Quartz en Hoornsteen.
1 gedegen Zilver, met Cobalt, van Marienberg in Saksen.
1 gedegen Zilver met Glans-Erts, van Braunsdorf.

459 3 gedegen Zilver, met Zilverzwart op Quartz en Hoornsteen, en in Zwaarspaat, uit Saksen.

460 3 gedegen Zilver, waarbij in Kalkspaat uit Noorwegen.

461 2 gedegen Zilver, met Glans-Erts en Hoornzilver in Zwaarspaat?

462 { 1 gedegen Zilver, met roodgulden en Quartz.
1 gedegen Zilver, met Cobalt in Quartz, van Sneeberg in Saksen.
1 gedegen Zilver, draadvormig in Kalkspaat.

463 2 gedegen Zilver, met hoorn Erts-Oker, in Zwaarspaat uit Saksen.

Argentum Nativum auro Adunatum.

464 1 guldisch gedegen Zilver, op graauwe Hoornsteen, van Slangenberg in Siberien.

13

N°. 465 2 guldisch gedegen Zilver, in Hoornsteen,
van Slangenberg in Siberien, en in Kalkspaat van Koningsberg in Noorwegen.

466 1 guldisch gedegen Zilver, met dito haarvormig.

467 1 guldisch gedegen Zilver, in Hoornsteen,
van Slangenberg in Siberien.

468 1 guldisch gedegen Zilver, met hoorn Zilver
in Hoornsteen, uit Siberien.

469 1 guldisch gedegen Zilver, op Hoornsteen,
van Slangenberg in Siberien.

470 2 guldisch gedegen Zilver, op Hoornsteen,
van Slangenberg in Siberien.

471 2 guldisch gedegen Zilver, op Hoornsteen,
van Slangenberg in Siberien.

472 3 guldisch gedegen Zilver, op Hoornsteen,
van Slangenberg in Siberien.

473 3 guldisch gedegen Zilver, op Hoornsteen,
en takvormig in Zwaarspaat ? van Slangenberg in Siberien.

474 4 guldisch gedegen Zilver, met Hoorn-Erts
op Hoornsteen en in Zwaarspaat ? van
Slangenberg in Siberien.

475 2 guldisch gedegen Zilver, waarbij met Hoorn-
Erts.

476 2 guldisch gedegen Zilver op Hoornsteen,
van Slangenberg in Siberien.

477 2 guldisch gedegen Zilver op Hoornsteen,
van Slangenberg in Siberien.

478 4 guldisch gedegen Zilver, waarbij op Hoornsteen, uit Siberien.

479 3 guldisch gedegen Zilver, op Hoornsteen en
en op Quartz.

N°. 480 4 guldisch gedegen Zilver, waarbij in Hoornsteen met Hoorn-Erts.

481 2 guldisch gedegen Zilver, waarbij haarvormig Zilver in gestrikte Cobalt, uit Saksen.

482 3 guldisch gedegen Zilver, in Hoornsteen en
in Zwaarspaat uit Siberien.

483 2 guldisch gedegen Zilver, met eenig Hoorn-
Erts, van Slangenberg in Siberien.

Argentum Antimoniale.

484 1 Antimoniaal gedegen Zilver in Kalkspaat,
van de Wenzeltmijn in het Furstenbergsche.

485 2 Antimoniaal gedegen Zilver in Kalkspaat,
van de Wenzeltmijn in het Furstenbergsche.

486 3 Antimoniaal gedegen Zilver in Kalkspaat,
van de Wenzeltmijn in het Furstenbergsche.

Argentum Arsenicale.

487 1 Arsenikaal Zilver in Kalkspaat, van St.
Andreasberg op den Haartz, benevens een
stukje gedegen Zilver in Zwaarspaat.

488 2 Arsenikaal Zilver in Kalkspaat, van den
Haartz.

489 2 gedegen Zilver, met Loodglans in Kalkspaat.

Argentum Corneum Commune.

490 1 Hoorn-Erts op Hoornsteen, van Slangenberg.

491 2 Hoorn-Erts op Hoornsteen, van Slangenberg.

492 3 Hoorn-Erts op Hoornsteen, waarbij met
gedegen Zilver uit Siberien.

493 2 Hoorn-Erts op Hoornsteen.

494 2 Hoorn-Erts op Hoornsteen, met Oker uit
Siberien.

495 2 Hoorn-Erts, waarbij met Oker op Hoornsteen, uit Siberien.

N°. 496   3 Hoorn-Erts, op Hoornsteen.

497   { *Argentum Corneum Caseolare.*
2 Zilverkalk in Kalkspaat, van St. Andreasberg op den Haartz, en in okerachtige
Quartz, van Altai in Siberien.

498   1 Zilverkalk in okerachtige Quartz, uit Siberien.

499   2 Zilverkalk, op vervreten Quartz, van St.
Andreasberg op den Haartz.

500   { *Argentum Acido Aëreo mineralisatum?*
luchtzure Zilver-Erts? met Haarzilver.

501   { *Argentum Vitreum.*
1 gekristalliseerd Zilverglans-Erts, met eenige
Quartz uit Saksen.

502   1 gekristalliseerd Zilverglans-Erts, met Cobalt-Quartz en Kalkspaat uit Saksen.

503   2 Zilverglans-Erts, Bont aangeloopen, met
Cobalt-Quartz uit Saksen.

504   2 Zilverglans-Erts, in Quartz.

505   2 Zilverglans-Erts, met gekristalliseerde
Quartz en Zwavelpijriet.

506   4 Zilverglans-Erts, waarbij in Quartz van
Sneeberg in Saksen.

507   3 Zilverglans-Erts, waarbij met pijriet in
Hoornsteen, uit Siberien.

508   3 Zilverglans-Erts, waarbij op Zwaarspaat.

509   2 Zilverglans-Erts, waarbij met Roodgulden,
van Joachimsthal in Bohemen.

510   1 Zilverglans-Erts, draadvormig, en een met
gekristalliseerd Roodgulden en Kalkspaat.

511   { 1 hard en bros Glans-Erts, in Quartz met
pijriet uit Hongarijen.
Argentum mineralisatum Nigrum Fragile-
2 bros Zilverglans-Erts, in Quartz, uit Hongarijen.

N°. 512 3 bres Zilverglans-Erts, in Quartz, en met roodgulden van Chemnitz.

513 2 bros Zilverglans-Erts, in Quartz, en met roodgulden van Chemnitz.

514 *Argentum Mineralisatum Rubrum Lucidum.*
2 gekristalliseerd ligt Roodgulden in Kalkspaat, van Joachimsthal in Bohemen.

515 1 gekristalliseerd ligt Roodgulden in Quartz, van Catharina Neufang, op den Haartz.
1 gekristalliseerde ligt Roodgulden in Kalkspaat, uit Bohemen.

*515 2 ligt roodgulden in Quartz en Kalkspaat.

516 3 hoog roodgulden met arsenikaalkies, van Marienberg in Saksen.

517 1 hoog roodgulden op Kalkspaat en Schieferachtige Gangaart uit Bohemen.
Argentum Mineralisatum Obscurum.

518 1 gekristalliseerd donker Roodgulden in Zwaarspaat, en gekristalliseerde Bruinspaat, van Hemelfursten bij Frijberg.

519 1 gekristalliseerd donker Roodgulden in Quartz, en Kalkspaat, van Catharina Neufang, op den Haartz.

520 1 gekristalliseerd donker Roodgulden met Loodglans en Kruisteen, van St. Andreasberg op den Haartz, benevens 3 losse Kritallen.

521 2 gekristalliseerd donker Roodgulden in Quartz, met pijriet en in Zwaarspaat, van Marienberg in Saksen.

522 2 gekristalliseerd donker Roodgulden in Quartz met pijriet, van Marienberg in Saksen.

523 2 gekristalliseerd donker Roodgulden in eenige Loodglans van den Haartz.

N.º 524 3 gekristalliseerd donker Roodgulden, waarbij
in Quartz, Kalkspaat en met bros Glans-
Erts, uit Saksen.

525 3 gekristalliseerd donker Roodgulden, met
Kalkspaat van den Haartz, en van Joachimsthal in Bohemen.

526 3 gekristalliseerd donker Roodgulden, met
Quartz en Kalkspaat, van St. Andreasberg
op den Haartz, en met Zwaarspaat van
Sneeberg in Saksen.

527 2 gekristalliseerd donker Roodgulden in Kalkspaat, en eenige Loodglans van St. Andreasberg.

528 4 donker Roodgulden in Quartz, Kalkspaat
en Zwavelkies, uit Saksen.

529 2 donker Roodgulden in Quartz, met Loodglans, van Friedersdorf in Saksen.

530 2 donker Roodgulden, met Vloeispaat en Cobalt, van Sneeberg in Saksen en met Quartz
en pijriet, uit Opper-Hongarijen.

531 {3 donker Roodgulden in Quartz, met bros
Glans-Erts, uit Hongarijen.
1 donker Roodgulden in Kalkspaat en Loodglans, uit Saksen.

532 3 donker Roodgulden in Quartz, uit Hongarijen.

533 2 donker Roodgulden in Quartz, uit Hongarijen.

534 1 donker Roodgulden, met arsenikaal Zilver,
van Catharina Neufang op den Haartz.

535 2 donker Roodgulden, met Quartz en Loodglans, van den Haartz, en met Cobalt, uit
Saksen.

536 2 donker Roodgulden, in Quartz uit Hongarijen.

N°. 537 2 donker Roodgulden, met Quartz, en Glans-
Erts, uit Saksen.

538 2 donker Roodgulden, met Quartz, Kalkspaat
en Pijriet, uit Saksen.

539 2 donker Roodgulden, met Kalkspaat, en
met arsenikaal Zilver, van den Haartz.

540 4 donker Roodgulden, waarbij met gedegen
Zilver en arsenik, uit Saksen.

541 2 donker Roodgulden, met arsenikaalkies en
met eenig wit gulden in gekristalliseerde
Kalkspaat, uit Saksen.

Argentum Mineralisatum Album.

542 { 1 Witgulden-Erts in Quartz, uit Saksen.

Argentum Mineralisatum Cinereum.

2 Graauwguldig-Erts.

*Minerra Argenti Lapidea Stercoris an
serini (Wall).*

543 2 ganzekötig Zilver, van Almont.

3 ganzekötig Zilver, van Almont.

544 { *Minerra Argenti Foliacea.*

1 Tontel-Erts in Quartz en Loodglans, van
den Haartz.

Cuprum. Koper.

Cuprum Nativum.

545 1 gedegen Koper, van het Altaïsche Gebergte.

546 2 gedegen Koper, waarbij gekristalliseerd
in Kalkspaat, uit Siberien.

547 3 gedegen Koper, waarbij in Quartz, met
Kopergroen, van Cornwallis.

548 2 gedegen Koper, waarbij dentriet of takvormig in Kalkspaat, uit Siberien.

No. 549 3 gedegen Koper, waarbij gekristalliseerd uit Siberien.

550 1 gedegen Koper, met gekristalliseerde Koperglans in Quartz, van Rhyn-Breitenbach.

551 3 gedegen Koper, waarbij in Quartz, met Berggroen, uit Siberien.

552 2 gedegen Koper, waarbij met faserige Malachiet uit Siberien.

553 2 gedegen Koper, waarbij met Kopergroen.

554 4 gedegen Koper, met Kalkspaat uit Siberien, benevens een Bakje met Koper-Zand.

555 2 gedegen Koper in Quartz, uit Siberien.

556 3 gedegen Koper, waarbij met vezelige Malachiet, uit Siberien.

557 5 gedegen Koper, waarbij met Koperglas en Oker, uit Saksen.

558 5 gedegen Koper, waarbij met Quartz en Zwaarspaat, uit Saksen.

559 2 dendrietvormig Koper, met rode en gele Oker.

560 { 2 gedegen Koper, in Kalkspaat met Berggroen, uit Siberien.
    { 1 gedegen Koper, met Kopergroen in Zeolith, van Reichenbach.

561 3 gedegen Koper, met Kopergroene in Zeolith, van Reichenbach.

562 { *Cuprum Praecipitatum.*
    { Cement- en Japanskoper.

563 1 groep Cement-koper en 2 staafjes Japans.

564 een Bak, waarin Cementkoper, in diverse gedaantens.

565 Diverse voortbrengselen, uit een Kopersmelterij.

Cuprum Mineralisatum Vitreum.

No. 566 4 Koperglas met Bontkoper en vaserige Malachiet, uit Saksen.

Cuprum Mineralisatum Variegatum.

567 3 Bontkoper-Erts met pijriet en Kalkspaat,
uit den Bannaat.

568 4 Bontkoper-Erts met Quartz pijriet en Berggroen, uit Siberien.

Cuprum Mineralisatum Pyritaceum.

569 4 gekristalliseerde Koperpijriet, waarbij met
Faal-Erts, uit Saksen.

570 5 Koperpijrieten, uit Saksen.

571 5 diverse Koperpijrieten, uit Saksen.

Cuprum Cinereum.

572 3 gekristalliseerd Grijskoper-Erts, uit Saksen.

573 3 gekristalliseerd Grijskoper-Erts en Com-
pact, uit Saksen.

574 4 gekristalliseerd Grijskoper-Erts, in Quartz
en Zwaarspaat uit Saksen.

575 4 gekristalliseerd Grijskoper-Erts, waarbij met
pijriet overtrokken in Yzerspaat, van den
Haartz.

576 3 gekristalliseerd Grijskoper-Erts, waarbij
met pijriet overtrokken in Yzerspaat, van
den Haartz.

577 4 gekristalliseerd Grijskoper-Erts, met Quartz
en pijriet.

578 3 gekristalliseerd Grijskoper-Erts, met Quartz
Pijriet en Loodglans, van den Haartz.

579 3 Grijskoper-Erts, waarbij met Lazuur en
Berggroen.

Cuprum Mineralisatum Rubrum.

580 3 gekristalliseerd Roodkoper-Erts, met gedegen Koper en Malachiet, uit Siberien.

N⁰. 581   4 gekristalliseerd Roodkoper, waarbij met
Quartz, van Cornwallis.

582   5 diverse gekristalliseerde Roodekoper-Ertzen.

583   2 Octaëder gekristalliseerd Roodkoper, met
draadvormig gedegen Koper, op gekristalliseerde Quartz en bruine Oker, uit Siberien.

584   2 haarvormig Roodkoper-Erts, met vazerige
Malachiet, Berggroen in Quartz, van Rhyn-
Breitenbach in Keulsland.

585   1 haarvormig Roodkoper-Erts, met vazerige
Malachiet Berggroen in Quartz, van Rhyn-
Breitenbach in Keulsland.

586   1 haarvormig Roodkoper-Erts, met Berggroen en Koper Oker, van Rhyn-Breitenbach in Keulsland.

587   2 haarvormig Roodkoper-Erts, met Berggroen en Koper Oker, van Rhyn-Breitenbach in Keulsland.

588   2 haarvormig Roodkoper-Erts, met Berggroen en Koper Oker, van Rhyn-Breitenbach in Keulsland.

589   3 haarvormig Roodkoper-Erts, met Berggroen
en Koper Oker, van Rhyn-Breitenbach in
Keulsland.

590   3 haarvormig Roodkoper-Erts, met Malachiet, Berggroen en Oker, in Quartz, van
Rhyn-Breitenbach.

591   4 haarvormig Roodkoper-Erts, in Quartz,
van Rhyn-Breitenbach.

Cuprum Ochraceum Lateritium Friabile.

592   4 Koper Oker, of Ziegel-Erst, met Kopergroen, van Altai in Siberien.

N°. 593 4 Koper Oker, of Ziegel-Erts, waarbij met
         Kopergroen, uit Siberien.

         Cuprum Ochraceum Laterititum Induratum.
594 1 verharde Koper-Oker, of Ziegel-Erts, van
         Catharinenburg.

         Cuprum Mineralisatum Coeruleum Terreum.
595 2 aardachtige Koper-Lazuur, met Yzerhou-
         dende Kalkaarde en Berggroen, uit den
         Bannaat.
596 4 aardachtige Koper-Lazuur, waarbij met
         Grijskoper, uit Trier.

         *Cuprum Mineralisatum Coeruleum Radi-
         catum.*
597 4 stralige gekristalliseerde Koper-Lazuur,
         waarbij uit Siberien.
598 2 gekristalliseerde Koper-Lazuur, met vase-
         rige Malachiet, in bruine verharde Yzer-
         oker, uit den Bannaat.
599 2 gekristalliseerde Koper-Lazuur, met Berg-
         groen in verharde Yzeroker, uit den
         Bannaat.
600 2 gekristalliseerde Koper-Lazuur, in verharde
         Yzeroker, uit den Bannaat.
601 3 gekristalliseerde Koper-Lazuur, waarbij met
         Malachiet, uit Siberien.
602 2 gekristalliseerde Koper-Lazuur, in bruine
         Oker en Quartz, uit Siberien.
603 2 gekristalliseerde Koper-Lazuur, waarbij met
         vazerige Malachiet, uit Siberien.
604 2 gekristalliseerde Koper-Lazuur, in verharde
         Yzeroker met Malachiet, uit Siberien, en
         een met Vaal-Erts en bruine aard-Cobalt,
         van Saalveld.

N°. 6o5 { 2 gekristalliseerde Koper-Lazuur, in Zwaarspaat van Saalveld.

2 gekristalliseerde Koper-Lazuur, met Berggroen en Quartz, uit Siberien.

6o6 3 gekristalliseerde Koper-Lazuur, waarbij met Malachiet, uit Siberien.

6o7 3 gekristalliseerde Koper-Lazuur, met Malachiet, Oker en Quartz, uit Siberien.

6o8 3 gekristalliseerde Koper-Lazuur, waarbij met Malachiet in verharde Yzeroker, uit den Bannaat.

6o9 4 gekristalliseerde Koper-Lazuur, in Quartz, Berggroen en Oker, uit Siberien.

6io 5 gekristalliseerde Koper-Lazuur, waarbij met Quartz en Berggroen, uit Siberien.

6ii 2 gekristalliseerde Koper-Lazuur, met vaserige Malachiet, in verharde IJzer-Oker, van Moldava in den Bannaat.

6i2 1 gekristalliseerde Koper-Lazuur, met digte Malachiet, op Quartz en Zwaarspaat, uit het Badensche.

Malachites Densum.

6i3 2 digte Malachiet, met Koper-Lazuur, uit Siberien.

6i4 3 digte Malachiet, waarbij op koper houdende Hoornsteen, in bruine Oker, uit Siberien, en op Zwaarspaat, uit het Badensche.

6i5 2 digte Malachiet, met verharde Oker, uit Siberien.

6i6 3 digte Malachiet, met gekristalliseerde Lazuur, uit den Bannaat en uit Siberien.

6i7 1 digte Malachiet, met Koper-Lazuur, op Quartz en Zwaarspaat, uit het Badensche.

Malachites Filamentosa.

N°. 618 3 vaserige Malachiet, in kogelachtige ge-
daante, uit Siberien.

619 4 vaserige Malachiet, waarbij met gekristalliseerde Lazuur, en Quartz, uit Siberien.

620 1 vaserige Malachiet, prijsmatiek gekristalliseerd, met Lazuur op Quartz, uit Siberien.

621 2 vaserige Malachiet, prijsmatiek gekristalliseerd, met Lazuur op Quartz, uit Siberien.

622 3 vaserige Malachiet, met Oker in Quartz,
uit Siberien.

623 2 vaserige Malachiet, op okerachtige IJzersteen met Pijriet, uit Siberien.

624 1 vaserige Malachiet, op okerachtige IJzersteen met Pijriet, uit Siberien.

625 1 gekristalliseerde vaserige Malachiet, met
gekristalliseerde Lazuur, in verharde IJzer-
Oker, uit Moldava in den Bannaat.

626 3 vaserige Malachiet, in verharde IJzer-Oker,
Quartz en Berggroen.

627 4 vaserige Malachiet, in Quartz, Oker- en
bruine IJzersteen.

628 4 vaserige Malachiet, waarbij met Quartz-
Lazuur en Oker.

629 3 vaserige Malachiet, met Quartz, Pijriet en
Kopergroen.

630 3 vaserige Malachiet, waarbij in Quartz en
verharde Oker.

631 2 vaserige Malachiet, in Quartz, van den
Haartz.

632 6 vaserige Malachiet, in Quartz, met witte
Loodspaat, van den Haartz.

Cryso Colla Cuprigo.

Nᵒ. 633   4 Kopergroen, met Oker; uit Siberien.

634   6 Kopergroen, met Oker en Quartz, van den Haartz.

635   5 Kopergroen, waarbij met bruine Oker en Quartz, uit Siberien.

636   5 Kopergroen, met Lazuur en Oker, uit Saksen.

Cuprum Ochraceum Feruginosum.

637   3 ijzer houdend Kopergroen.

638   1 Koperzand met Brand-Erts, uit Siberien.

639   een Bak, waarin Koperpik-Schiefer en Zand-Erts.

Ferrum.   IJzer.

Pyrites Communis Vulgaris.

640   4 gemeene Zwavelpijriet, in Quartz-Kalk en Zwaarspaat.

641   6 gemeene Zwavelpijriet, in Quartz en Kalkspaat, waarbij kwadraatvormige.

642   4 gemeene Zwavelpijriet, in Quartz en Zwaarspaat.

643   { 3 gemeene Zwavelpijriet, in Quartz, met loodglans en bruine Blende.
       { 1 haarvormige Zwavelpijriet, van den Haartz.

644   een Bak met Leverpijrieten, in diverse gedaanten.

Ferrum Magnetes.

645   2 Magneetische IJzersteen, van het Eiland Elba.

*645   2 Magneetische IJzersteen, van Breiten-Bronn, benevens een Artificiel.

Siderolampis Communis.

N°. 646 3 gekristalliseerde IJzerglans, van het Eiland
Elba.

647 4 gekristalliseerde IJzerglans, van het Eiland
Elba.

648 4 gekristalliseerde IJzerglans, van het Eiland
Elba.

649 2 gekristalliseerde IJzerglans, van het Eiland
Elba.

650 3 gekristalliseerde IJzerglans, van het Eiland
Elba.

551 4 gekristalliseerde IJzerglans, van het Eiland
Elba.

652 2 gekristalliseerde IJzerglans, van het Eiland
Elba.

653 5 gekristalliseerde IJzerglans, van Framont.

Siderolampis Micacea.

654 2 IJzerglimmer, van het Eiland Elba.

655 3 IJzerglimmer, van Altenberg in Saksen.

656 { 4 IJzerglimmer, van Altenberg en van Voigts-
berg in Saksen.
1 sterrenvormige IJzerglimmer in Quartz, uit
het Triersche.

657 3 IJzerglimmer, waarbij op Quartz, van ver-
trouwde Daniël, bij Frijberg in Saksen.

Ferrum Ochraceum Rubrum Inquinans.

658 3 roode IJzer-Rahm, op Quartz, uit Saksen.

Ferrum Rubiginum Densum.

659 2 digte roode IJzersteen met Glimmer, uit Saksen.

Haematites Rubrum.

660 4 roode Glaskop, nierenvormig en langstra-
lig, van den Haartz.

661 4 roode Glaskop, met IJzer-Rahm en Quartz,
van den Haartz.

Ferrum Ochraceum Rubrum Friabile.

N°. 662
1 roode IJzer-Oker, op IJzerglimmer.
2 bruine IJzer-Oker, op digte bruine IJzersteen, in Quartz.

Ferrum Ochraceum Brunum Haematites.

663 3 bruine Glaskop, in verschillende gedaanten, uit het Triersche.

664 4 bruine Glaskop, in verschillende gedaanten, uit het Triersche.

665 6 bruine Glaskop, in verschillende gedaanten, uit het Triersche.

666 5 bruine Glaskop, waarbij met vaal Erts,
Quartz en eenige Bergblaauw, van Breitenbach.

667 3 bruine Glaskop, uit het Nassausche.

668 5 bruine Glaskop, uit het Nassausche.

Ferrum Ochraceum Spathosum.

669 4 gekristalliseerde spatige IJzersteen, met
Quartz, uit Saksen.

670 5 gekristalliseerde spatige IJzersteen, met
Quartz, uit Saksen.

671 4 IJzerspaat met Schiefer, waarbij uit het
Badensche en uit Saksen.

672 4 gekristalliseerde IJzerspaat, waarbij van
Derbyshire?

*Ferrum Ochraceum Argillaceum Scapi-
forme.*

673 Basaltvormige thonachtige IJzersteen, van
Hoschnitz in Bohemen.

674
Basaltvormige thonachtige IJzersteen, van
Hoschnitz in Bohemen.
Ferrum Ochraceum Argillaceum Granulare.
Linzenvormige thonaardige IJzersteen, uit
het Nassausche.

N°. 675 {
Ferrum Ochraceum Argillaceum Rubricum.
2 Roodkrijt.
Lapis Aquilinus.
IJzernieren of Klappersteenen en IJzer
Bonen-Erts.

676 6 zandige IJzer-Oker, uit het Graafschap
Heiningen.

Plumbum. Lood-Erts.

Plumbum Mineralisatum Galena Vulgaris.

677 3 gekristalliseerde Loodglans, met Quartz en
Vloeispaat, uit Saksen en Derbyshire.

678 3 gekristalliseerde Loodglans, met Quartz en
Vloeispaat, uit Bohemen en Derbyshire.

679 5 gekristalliseerde Loodglans, met Quartz en
Vloeispaat, en bruine Blende.

680 4 gekristalliseerde Loodglans, met Quartz,
Vloei- en Zwaarspaat, en Blende, uit
Saksen en uit Derbyshire.

681 4 gekristalliseerde Loodglans, met Quartz en
Zwaarspaat, van den Haartz en uit Saksen.

682 4 gekristalliseerde Loodglans, met Quartz,
Kalk- en Zwaarspaat, van Bohemen en
van Derbyshire.

683 5 gekristalliseerde Loodglans, met Quartz,
Kalk- en Zwaarspaat, van Bohemen en
van Derbyshire.

684 6 gekristalliseerde Loodglans, met Quartz,
Kalk- en Vloeispaat, en eenige Zwavelpijriet, uit Saksen, Lysterschire en van Der-
bijshire.

685 4 gekristalliseerde Loodglans, met Zwaarspaat,
van den Haartz.

N°. 686 7 gekristalliseerde Loodglans, met Quartz,
Kalk- en Vloeispaat, en eenige Zwavel-
pijriet, uit Saksen, van den Haartz en uit
Derbyshire.

687 1 gekristalliseerde Loodglans, met groote Kalkspaat, kristallen en bruine Blende, van
Frijberg in Saksen.

688 3 gekristalliseerde Loodglans, met witte Loodspaat, iu Quartz en eenige Zwaarspaat,
uit het Badensche.

689 4 gekristalliseerde Loodglans, met witte Loodspaat in Quartz en eenige Vloeispaat.

690 3 gekristalliseerde Loodglans, met zwart, wit
en groene Loodspaat, in Quartz, uit het
Badensche.

691 { 1 gekristalliseerde Loodglans, op Quartz met
eenig rood Lood-Erts.
3 zand Lood-Erts.

Plumbum Mineralisatum Nigrum.

692 4 zwart Lood-Erts, met Witlood, van Frijberg in Saksen.

Plumbum Mineralisatum Album.

593 1 gekristalliseerd wit Lood-Erts, van Zellerfeld, op den Haartz.

594 1 gekristalliseerd wit Lood-Erts, met grove
Loodglans, van Zellerfeld.

695 2 gekristalliseerd wit Lood-Erts, met Quartz
en Oker, van Zellerfeld.

696 2 gekristalliseerd wit Lood-Erts, met Berggroen en Lazuur, van den Haartz.

697 3 gekristalliseerd wit Lood-Erts, met Quartz
en Oker.

698 2 gekristalliseerd wit Lood-Erts, met Quartz
en Oker.

N°. 699   2 gekristalliseerd wit Lood-Erts, met Quartz
en Oker, van Bleifeld, op den Haartz.

700   4 gekristalliseerd wit Lood-Erts, met Lood-
glans-Oker en Berggroen, van Zellerfeld,
op den Haartz.

701   4 gekristalliseerd wit Lood-Erts, met Oker,
van Zellerfeld, op den Haartz.

702   4 gekristalliseerd wit Lood-Erts, met Oker,
van den Haartz.

704   6 gekristalliseerd wit Lood-Erts, met Lood-
glans-Oker en Berggroen.

705   4 gekristalliseerd wit Lood-Erts, met Oker,
Lazuur en Berggroen, van Geluksraad op
Zellerfeld.

706   4 gekristalliseerd wit Lood-Erts, met Quartz
en Oker.

707   3 gekristalliseerd wit Lood-Erts, met Quartz,
Oker en Berggroen, van den Haartz.

708   4 gekristalliseerd wit Lood-Erts, met Quartz,
Loodglans en Berggroen.

709   3 gekristalliseerd wit Lood-Erts, transperant,
op Quartz en Oker van den Haartz.

710   5 gekristalliseerd wit Lood-Erts, met eenige
Loodglans, Quartz en Zwaarspaat, uit Saksen.

711   1 gekristalliseerd wit Lood-Erts, met Loodglans en gekristalliseerd geel en groen
Lood, in Quartz, uit Bretagne in Frankrijk,
benevens 2 losse Kristallen.

712   5 gekristalliseerd wit Lood-Erts, met Quartz,
Oker en Berggroen, van den Haartz.

713   1 Violetkleurige Loodspaat, uit Schotland.
Plumbum Mineralisatum Viride.
1 gekristalliseerd groen Lood-Erts, in Quartz,
van Tschopau in Saksen.

N°. 714 3 gekristalliseerd groen Lood-Erts, met Quartz
en Zwaarspaat, van Tschopau.

715 4 gekristalliseerd groen Lood-Erts, met Quartz
en Zwaarspaat, van Tschopau.

716 3 gekristalliseerd groen Lood Erts, op Quartz
met Oker, uit Frijburg in het Brisgauwsche.

717 2 gekristalliseerd groen Lood-Erts, op Quartz,
van Frijburg in het Brisgauwsche.

718 1 gekristalliseerd groen Lood Erts, op Quartz,
van Frijburg in het Brisgauwsche.

719 4 gekristalliseerd groen Lood-Erts, op Quartz,
uit Saksen.

720 3 gekristalliseerd groen Lood-Erts, op Quartz,
met eenige Loodglans en Zwaarspaat.

721 4 gekristalliseerd groen Lood-Erts, op Quartz,
met eenige Loodglans.

722 5 gekristalliseerd groen Lood-Erts, op Quartz,
uit Brisgau.

723 1 stalactietvormig groen Lood, op Celluleuse
Quartz, van Frijberg.

724 3 gekristalliseerd groen Lood, met Witlood,
op Quartz.

725 1 gekristalliseerd groen Lood, met Witlood,
op Quartz.

726 1 gekristalliseerd groen Lood, met Witlood,
op Quartz en eenige Zwaarspaat.

727 2 gekristalliseerd groen Lood, met Witlood,
op Quartz en Oker.

728 4 gekristalliseerd groen Lood, met Witlood,
op Quartz.

729 { 3 zeer fijn gekristalliseerd groen geelachtige
Loodspaat, uit het Zwartwaldsche.
{ 1 naaldvormig donkergroen Lood? op Quartz,
met Berggroen, uit Cornwall.

No. 730 3 gekristalliseerd groen Lood, op Graniet, van Berosow, in het Altaische Gebergte.

731 { 1 gekristalliseerd groen Lood, op Graniet, van Berosow, in het Uraltische Gebergte.
1 stalactietvormig groen Lood, met Quartz en Oker, uit het Brisgauwsche.
1 gekristalliseerd wit Lood, van La Croi in Lotharingen.
2 groen Lood, op Quartz.

732 6 groen Lood en eenige witte Loodspaat.

733 1 Bak met diverse gekristalliseerde stukjes Loodspaat.

734 1 Bak met diverse gekristalliseerde stukjes Loodspaat.

Plumbum Mineralisatum Rubrum (Cromium.)

735 1 gekristalliseerd rood Lood-Erts, met Quartz en ijzerachtige Zandsteen? van Siberien.

736 2 gekristalliseerd rood Lood-Erts, met Quartz en ijzerachtige Zandsteen? van Siberien.

737 1 gekristalliseerd rood Lood-Er s, met groen Lood, Oker en Quartz, op ijzerachtige Zandsteen, met Kwadraten, van Catharinenberg, in Siberien.

738 1 gekristalliseerd rood Lood-Erts, op glimmerachtige Zandsteen, met IJzer-Kwadraten, uit Siberien.

739 1 gekristalliseerd rood Lood-Erts, op glimmerachtige Zandsteen, met IJzer-Kwadraten, uit Siberien.

740 1 gekristalliseerd rood Lood-Erts, op glimmerachtige Zandsteen, uit Siberien.

741 2 gekristalliseerd rood Lood-Erts, op glimmerachtige Zandsteen, uit Siberien.

N°. 742 4 gekristalliseerd rood Lood-Erts, op glimmerachtige Zandsteen, uit Siberien.

Plumbum Mineralisatum Flavum.

743 1 gekristalliseerd gele Loodspaat, op graauwachtige Kalksteen, van Blijberg.

744 4 gekristalliseerd gele Loodspaat, op graauwachtige Kalksteen, van Blijberg.

745 4 gekristalliseerd gele Loodspaat, op graauwachtige Kalksteen, van Blijberg.

746 1 dropvormige gele Loodspaat, met Quartz,
Vloeispaat en grove Loodglans, uit Bretagne in Frankrijk.

Plumbum Ochraceum Varia.

747 1 Bak met diverse Loodaarden.

Stannum. Tin-Erts.

Stannum Ochraceum Androgynum.

748 2 gekristalliseerd Tin, op Quartz, van Gyer
in Saksen.

749 3 gekristalliseerd Tin, op Quartz, van Cornwall en uit Bohemen.

750 3 gekristalliseerd Tin, op Quartz, van Cornwall en uit Bohemen.

751 4 gekristalliseerd Tin, op Quartz, van Cornwall, Slakkenwall en van Gyer.

752 4 gekristalliseerd Tin, op Quartz, van Cornwall en Slakkenwalde in Bohemen.

753 3 gekristalliseerd Tin, op Quartz, van Cornwall en uit Gyer, in Saksen.

754 3 gekristalliseerd Tin, op Quartz, van Cornwall en uit Gyer, in Saksen.

755 4 gekristalliseerd Tin, op Quartz, van Ehrenfriedersdorf in Saksen.

No. 756 4 gekristalliseerd Tin, op Quartz, van Cornwall en uit Saksen.

757 6 gekristalliseerd Tin, zijnde kleine stukjes,
van Cornwall en uit Saksen.

758 7 gekristalliseerd Tin, zijnde kleine stukjes,
van Cornwall en uit Saksen.

759 6 gekristalliseerd Tin, zijnde kleine stukjes,
van Cornwall en uit Bohemen.

760 7 gekristalliseerd Tin, zijnde kleine stukjes,
van Cornwall en uit Bohemen.

761 { 1 gerold Tin, van Joachimsthal in Bohemen, benevens een Bakje met Tinzand.

*Stannum Sulphuratum Aurum Musirum Na-
tivum.*

1 Tin-Kies in Quartz, van Cornwall.

Bismuth.

Wismuthum Nativum.

762 3 gedegen Wismuth met Wismuth-Glans en
Quartz en Hoornsteen, van Johann Georgenstad.

Wismuthum Sulphuratum.

763 3 Bismuth-Glans in Quartz, uit Saksen.

764 3 Bismuth-Glans in Quartz en eenige Cobalt,
van Annaberg in Saksen.

765 4 Bismuth-Glans in roode Hoornsteen en
eenige Cobalt, van Sneberg en van Annaberg in Saksen.

766 4 Bismuth-Glans in roode Hoornsteen en
eenige Cobalt, van Sneberg en van Annaberg in Saksen.

767 3 Bismuth Glans in roode Hoornsteen, benevens eenige stukjes gesmolte Wismuth.

Zincum. Zink.

Pseudogalena Fusca.

N°. 768   3 gekristalliseerde bruine Blende met Quartz, uit Cumberland.

769   4 gekristalliseerde bruine Blende met Quartz en IJzerspaat.

770   2 gekristalliseerde bruine Blende met Kalk en Vloeispaat, van Derbyshire in Engeland.

771   3 gekristalliseerde bruine Blende met Kalk en Vloeispaat, van Derbyshire in Engeland.

772   3 gekristalliseerde bruine Blende met Kalk en Vloeispaat, van Derbyshire en uit Cumberland.

774   3 gekristalliseerde bruine Blende met Quartz.

775   2 gekristalliseerde bruine Blende met Quartz en eenige IJzerspaat.

776   4 gekristalliseerde bruine Blende met Quartz, Kalkspaat en Pijriet, van Cumberland en uit Frijberg.

777   2 gekristalliseerde bruine Blende met Quartz en Pijriet, van Chemnitz in Hongarijen.

778   3 gekristalliseerde bruine Blende met Quartz en Loodglans, van Cumberland en van den Haartz.

779   2 gekristalliseerde bruine Blende met Quartz en Zwavelpijriet.

780   7 gekristalliseerde bruine Blende; Varia.

Pseudogalena Flava.

781   3 gekristalliseerde gele Blende in Quartz.

782   4 gekristalliseerde gele Blende, met Kalkspaat en eenige Loodglans, van Scharfenberg in Saksen.

783   6 gekristalliseerde gele Blende, Varia.

N°. 784 { *Zincum Ochraceum Calamine?*
Galmeij ?
Zincum Aëratum Spathosum.
Spaatvormige Gallamij , van Cornthe.

785 4 spaatvormige Gallamij, met Quartz en Loodglans.

786 4 spaatvormige Gallamij , met Quartz en eenige
Zwaarspaat.

Antimonium. Spiesglans.

Antimonium Sulphuratum Radiatum.

787 2 gekristalliseerde grofstralige Spiesglans , van
Auvergne.

788 2 gekristalliseerde grofstralige Spiesglans , van
Auvergne.

789 4 grofstralige Spiesglans , van Auvergne en
uit Hongarijen.

790 3 grofstralige Spiesglans, van Auvergne.

791 4 grofstralige Spiesglans, uit Hongarijen.

792 3 fijnstralige Spiesglans, uit Hongarijen.

793 2 fijnstralige Spiesglans, met Quartz en Kalkspaat , uit Hongarijen.

794 2 fijnstralige Spiesglans, met Quartz en Zwaarspaat , uit Hongarijen.

795 4 fijnstralige Spiesglans , uit Saksen en Hongarijen.

796 3 fijnstralige Spiesglans, uit Saksen en Hongarijen.

797 2 fijnstralige Spiesglans, in Quartz en Kalkspaat , uit Hongarijen.

798 3 fijnstralige Spiesglans, met Oker van Chemnitz, in Hongarijen.

799 6 fijnstralige Spiesglans, uit Hongarijen.

800 8 fijnstralige Spiesglans, uit Hongarijen en
het Stolbergsche.

801 1 fijnstralige blaauwachtige Antimonie, op
stalactietvormige gekristalliseerde Quartz,
van Straasberg bij Stolberg op den Haartz.

Antimonium Mineralisatum Plumosum.

802 3 Veder-Erts op Quartz, met eenige digte
antimonie uit Hongarijen.

*802 2 Veder-Erts op Quartz, uit Hongarijen.

Antimonium Miniralisatum Purpureum.

803 2 roode Spiesglans in Quartz, van Braunsdorf en uit Hongarijen.

804 4 roode Spiesglans in Quartz, uit Hongarijen.

Antimonium Muriatum Album Salitum.

805 2 witte Spiesglans; met graauwe en roode
uit Hongarijen.

Cobaltum. Kobalt.

Cobaltum Mineralisatum Cinereum.

806 3 graauwe Spijskobalt, met dito Beslag in
Zwaarspaat van Sneeberg in Saksen.

807 3 graauwe Spijskobalt, met Quartz en Zwaarspaat, van Annaberg en uit Sneeberg in
Saksen.

808 4 graauwe Spijskobalt, uit Saksen.

809 3 graauwe Spijskobalt, in Quartz, van Annaberg in Saksen.

810 1 graauwe Spijskobalt, benevens 3 stukjes
gestrikte Kobalt, van Sneeberg in Saksen.

Cobaltum Mineralisatum Nitidum.

811 3 Glanskobalt in Kalk en Zwaarspaat, van
Annaberg in Saksen.

Cobaltum Nigrum Friabile.

N°. 812 2 zwarte Aardkobalt, met eenige Kalkspaat,
van Grootkamsdorf in Saksen.

813 3 zwarte Aardkobalt, op bruinachtige Kalksteen.

Cobaltum Luteum Flavum.

814 2 gele Aardkobalt, op verharde Mergel- en
Zwaarspaat, van Saalfeld.

Cobaltum Rubrum Terreum.

815 2 Kobalt Beslag, met graauwe Spijskobalt,
van Annaberg.

816 2 Kobalt Beslag, met Quartz en bruine
Aardkobalt, van Sneeberg in Saksen.

817 2 Kobalt Beslag, met Quartz, bruine en
zwarte Aardkobalt en eenige Vaal-Erts,
van Saalfeld.

818 2 Kobalt Beslag, met eenige graauwe Spijskobalt.

819 4 Kobalt Beslag, op Zwaarspaat en eenige
Aardkobalt van Saalfeld.

820 2 Kobalt Beslag, met Kobaltbloesem en
Oker.

821 4 Kobalt Beslag, met Quartz en Oker.

822 3 Kobalt Beslag, met Koper Vaal-Erts, en
met Aardkobalt en Berggroen, van Saalfeld.

Cobaltum Rubrum Radiatum.

823 2 Kobalt Bloesem in Quartz, van Sneeberg
in Saksen.

824 3 Kobalt Bloesem in Quartz, van Sneeberg.

825 4 Kobalt Bloesem met Beslag, uit Saksen.

Nicolum Cupreum.

826 5 Kopernikkel, met graauwé Spijskobalt en
dito Beslag, van Marienberg in Saksen.

Magnesium. Bruinsteen.

Magnesium Ochraceum Chalybeum Radiatum.

Nᵒ. 827 5 stralige Bruinsteen.

828 4 stralige Bruinsteen.

Magnesium Ochraceum Chalybeum Lamellosum.

829 { 2 blarige Bruinsteen.
{ 2 digte Bruinsteen.

Magnesium Fuliginosum Nigrum.

830 4 zwarte Bruinsteen van Ilmenau.

831 3 zwarte Bruinsteen, met Yzeroker en met Glaskop als overtrokken uit Hessen.

Magnesium Aëratum Rubrum.

832 2 roode luchtzure Bruinsteen, van Nagyag.

Molybdaenum. Waterlood.

Molybdaenum Sulphuratum.

833 2 Waterlood in Quartz, van Altenberg in Saksen.

834 3 Waterlood in Quartz.

Arsenicum. Arsenik.

Arsenicum Nativum.

835 2 gedegen Arsenik, met eenig Roodgulden; Loodglans en Kalkspaat, van den Haartz.

836 4 gedegen Arsenik, met eenig Roodgulden, Loodglans en Kalkspaat, van den Haartz.

Arsenicum Pyriticum Commune.

837 4 gekristalliseerde Arsenikpijriet, met bruine Blende en Quartz, van Sneeberg in Saksen.

Sandracha Aurea.

N°. 838 3 gele Arsenik-Oker, of Opriment, uit Hongarijen.

Sandracha Rubra.

839 3 roode Arsenik-Oker, of Realgar, van Felsobanija in Opper-Hongarijen.

Scheelium. Wolfram.

Scheelium Magnesiatum.

840 2 gekristalliseerde Wolfram, in Quartz, van Ehrenfriedersdorp in Saksen.

841 2 gekristalliseerde Wolfram, in Quartz.

Uranigo. Uraniet.

Uranigo Indurata Viride.

842 2 verharde Urankalk, van Sneeberg in Saksen.

843 4 verharde Urankalk, van Sneeberg in Saksen.

Titanium. Titaniet.

Titanium.

844 3 Titanietkalk in Quartz, van St. Godhard.

845 4 Titanietkalk in Quartz en Talk, benevens 7 geslepene Steentjes, zijnde Titaniet in Quartz.

OVERGESLAGENE
METAAL- en STEENSOORTEN.

846 1 Lade met diverse Aarden.

847 1 Lade met diverse Aarden.

848 1 Lade met diverse Aarden.

849 1 Lade met diverse Aarden, benevens diverse Zanden.

N°. 850 1 Kistje, waarin diverse Metaal- en Steen-
soorten.

851 1 Kistje, waarin diverse Metaal- en Steen-
soorten.

852 1 Kistje, waarin diverse Metaal- en Steen-
soorten.

853 1 Kistje, waarin diverse Metaal- en Steen-
soorten.

854 1 Kistje, waarin diverse Metaal- en Steen-
soorten.

855 1 zeer groote (vermoedelijk) Orientaalsche
Bezoar.

856 2 kleine Orientaalsche Bezoars.

857 { 2 Lapis de Goâ,
3 Ballen, waarvan een uit de maag van een
Kameel.

858 1 Lade, waarin diverse Houten.

859 1 Lade, waarin diverse gedroogde vruchten
en Zaden.

860 2 Zeedistels.